宇宙知识竟然这么好玩！

吟游诗人基德 绘著

天津出版传媒集团
天津科学技术出版社

图书在版编目(CIP)数据

宇宙知识竟然这么好玩！/吟游诗人基德绘著.—
天津：天津科学技术出版社，2024.7
ISBN 978-7-5742-2196-3

Ⅰ.①宇… Ⅱ.①吟… Ⅲ.①宇宙—青少年读物
Ⅳ.①P159-49

中国国家版本馆CIP数据核字（2024）第111115号

宇宙知识竟然这么好玩！
YUZHOU ZHISHI JINGRAN ZHEME HAOWAN!
责任编辑：房 芳
责任印制：赵宇伦

出 版：天津出版传媒集团
天津科学技术出版社

地 址：天津市西康路35号
邮 编：300051
电 话：（022）23332397
网 址：www.tjkjcbs.com.cn
发 行：新华书店经销
印 刷：雅迪云印（天津）科技有限公司

开本700×1000 1/16 印张17 字数80 000
2024年7月第1版第1次印刷
定价：49.80元

目录

序章
遇见吟游诗人文明

排球社
播音社
想加入我们天文协会？
那可是要考试的！
咻——

你可以吗？
我……
哗啦！

基础测试不难啦！
这一次我们考的是黑洞！
接过
黑洞……
喂，你怎么是这副表情啊？
呃！
对任何一个天文爱好者来说，
黑洞都应该是最基础的知识吧？
呃……如果你真的不会，
我们可以……
?

石化
对不起！
不会吧，难道这次题又出难了？
天文协会要毁在我手上了！
会、会长，冷静点……
没关系，
不是你的错。

如果连黑洞都不知道，进我们社团也没用。
呜呜！
慢慢来吧，
离年终百校竞赛还有一段时间……
放学后
几年前……

您刚才说她看书很慢，需要一个字一个字地看，甚至用手指协助……
是……
担心
叮——
可能是
阅读障碍症。

但是您放心，阅读障碍症并不可怕，
在儿童中的发生概率可以达到 8%。
所以千万不要认为您的女儿笨，或者把这当成一种病。
相反，很多有阅读障碍的孩子智商都非常高，甚至是天才！
比如爱迪生、爱因斯坦。
很多科学家在童年时期都有读写方面的障碍，导致学习成绩不好。
但这不代表他们在逻辑、数学或者其他方面的能力不强啊。

只要努力，
同样可以取得很大的成就！
是！我一直给我家孩子读课文，讲题目……
她真的非常非常聪明，一讲就懂。
但现在她不是小学毕业要上初中了吗……
我害怕……

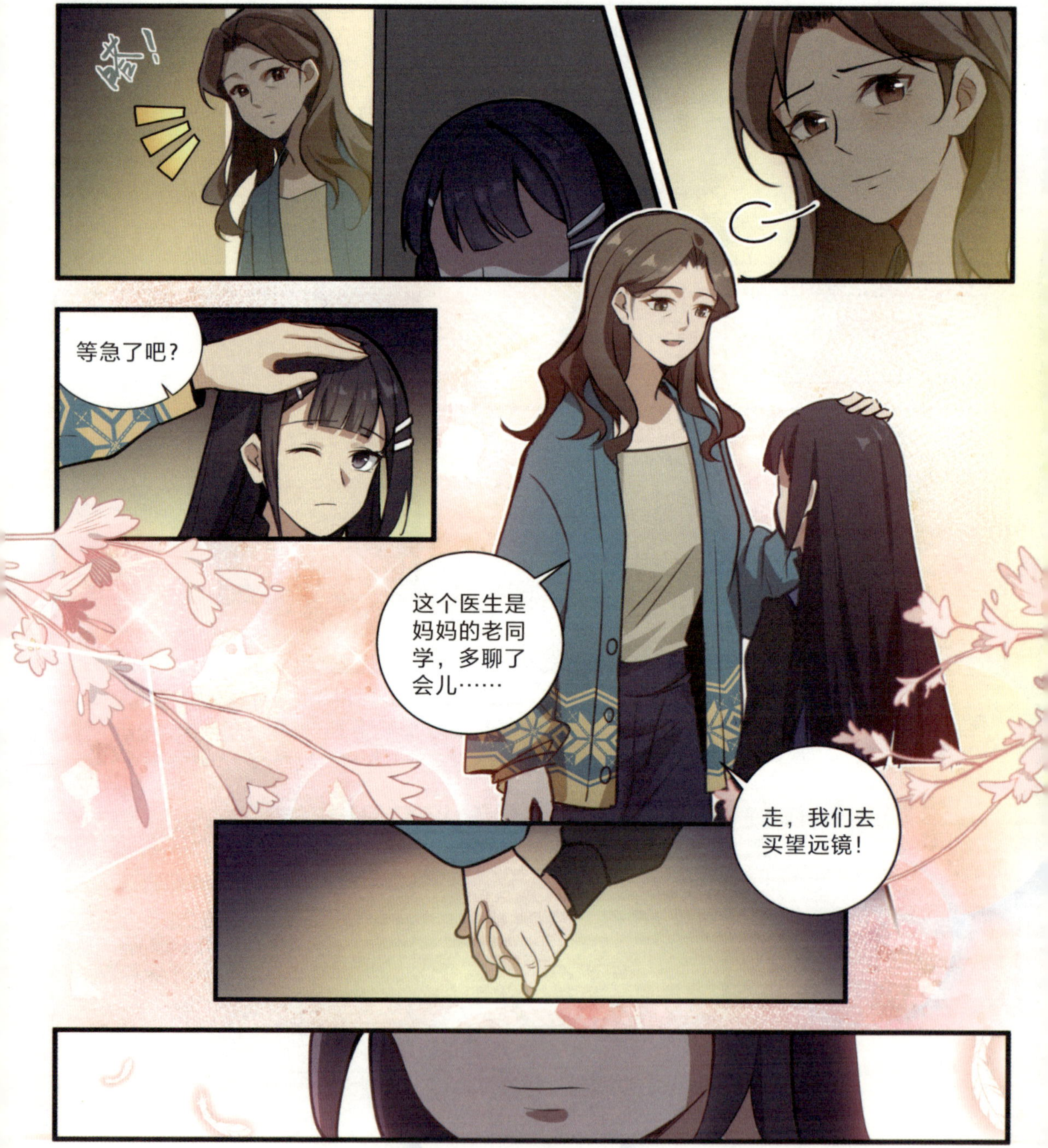
等急了吧？
这个医生是妈妈的老同学，多聊了会儿……
走，我们去买望远镜！

好！
是天文望远镜哟！
好，好，好，天文望远镜。
嗒嗒……

协会招新将在明天下午 5 点结束，
如果我要在此之前看完黑洞的内容，今晚至少需要……
咔！
?
咔
吧
惊!

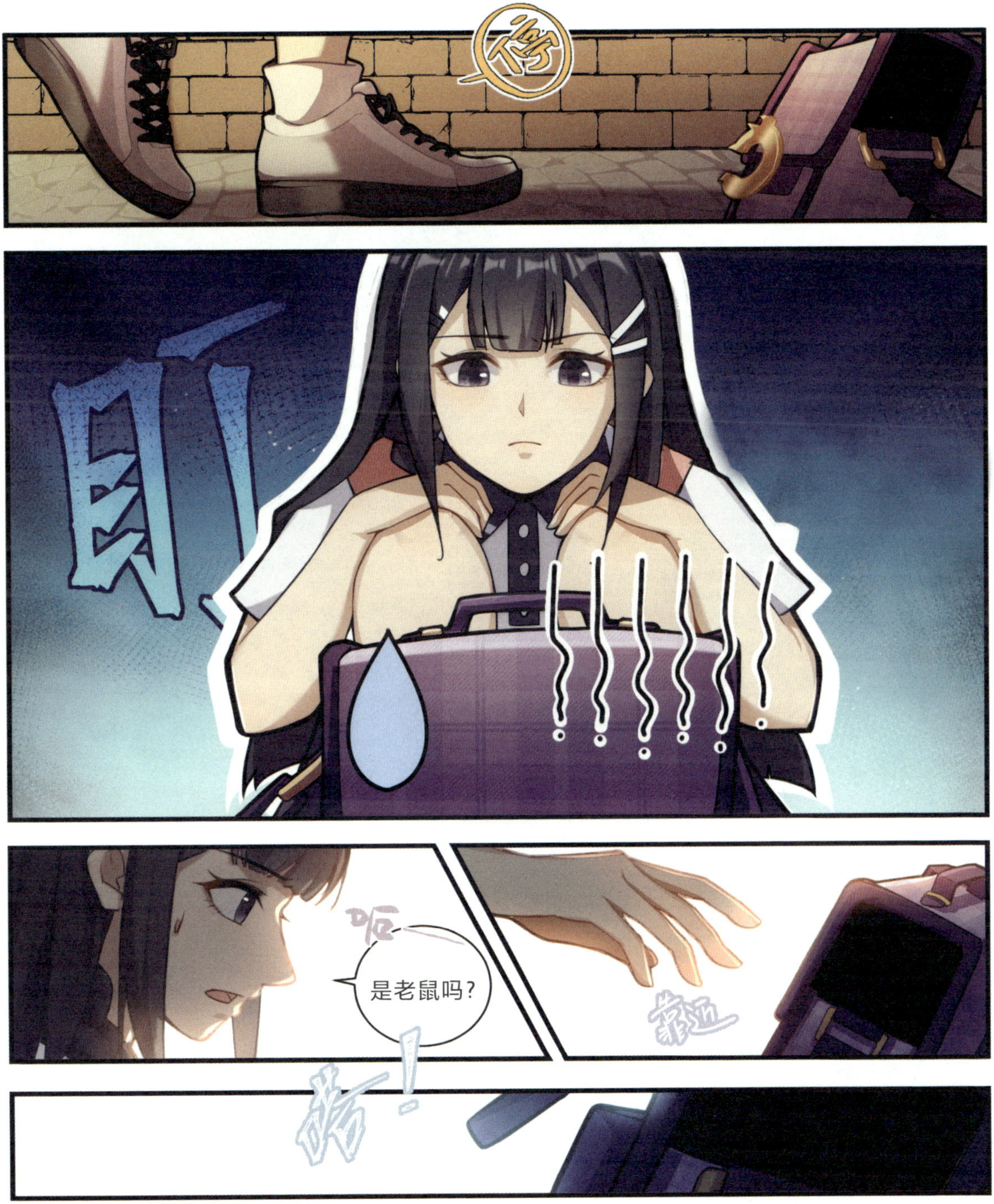
盯
是老鼠吗？
靠近

什么老鼠？！

叮——
我是全知全能的多元宇宙旅行者！
来自伟大的吟游诗人文明！
可以掌控整个宇宙的物质和能量！
你竟然敢叫我老鼠！
信不信我把你……
怎样？

拍扁！变成生活在二维世界的纸片人！
呃……
哼哼！
来吧……
好！这可是你要求的！
呼！

噗……
盯

喀喀！
不过……念你是……初犯，就原谅你一次吧！
如果你再敢叫我老鼠……
老鼠，老鼠，老鼠！
因为根本没有什么东西能掌控整个宇宙。
啊啊啊啊！
虽然不知道你是什么生物，充其量不过是个爱吹牛的家伙罢了……

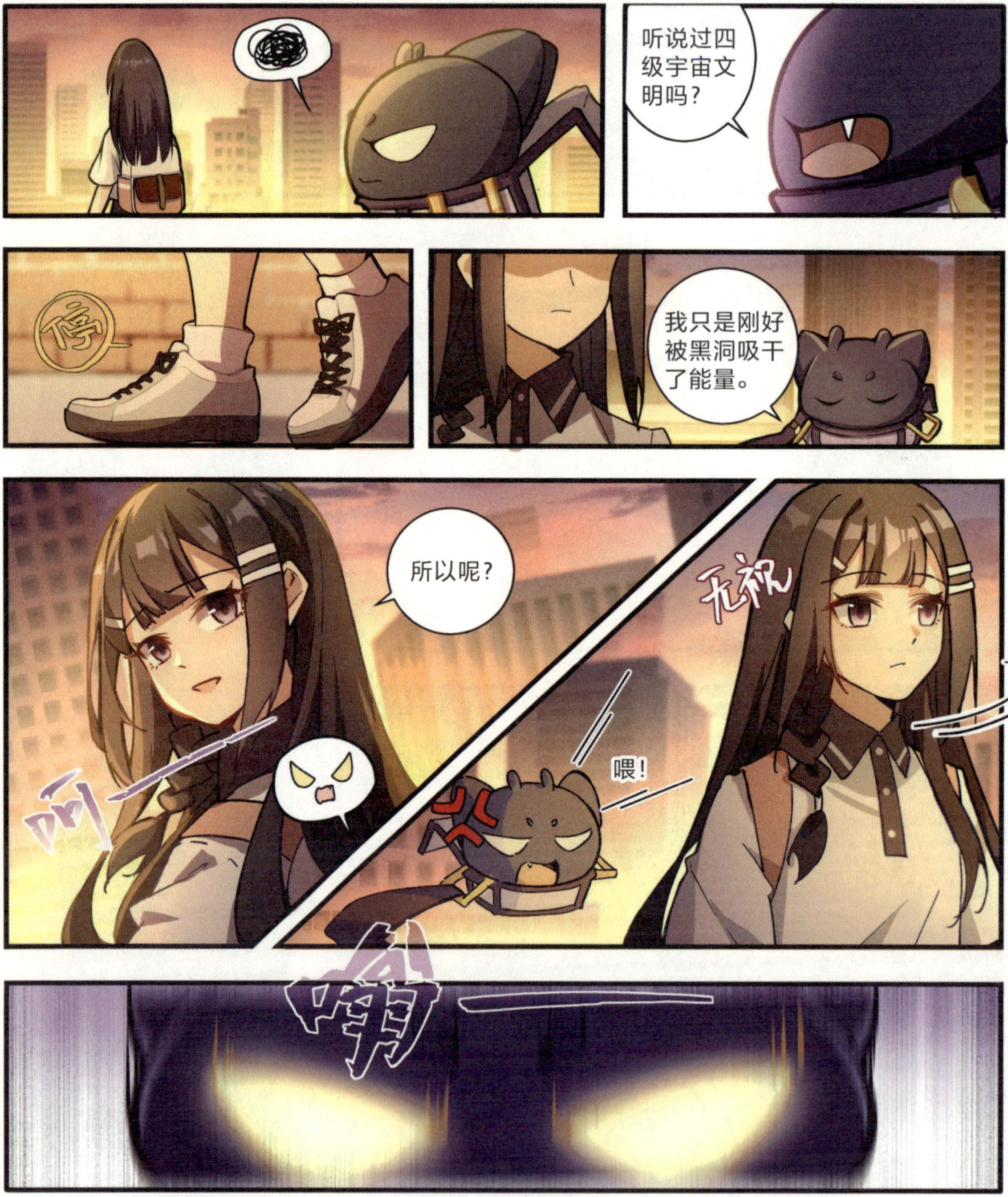
听说过四级宇宙文明吗？
停
我只是刚好被黑洞吸干了能量。
所以呢？
无视
喂！

惊!
哇啊啊！
你你你……
你是怎么做到的？

这下你该相信了吧？
我……
不相信。
除非你能解释清楚是怎么做到的。
那你听好了！

我在迫降地球前，就已经把这颗星球的所有信息都扫描了一遍。
就用地球人能听懂的语言，来描述我是怎样的存在吧。
尼古拉 · 卡尔达舍夫
我知道有一个苏联天体物理学家，名为**尼古拉 · 卡尔达舍夫。**
1964 年，他以能利用多少能量为标准，给宇宙中不同的文明划分等级，即**卡尔达舍夫等级。**
一级文明可以利用母星的全部能源，人类目前还做不到，只能称为 0.73 级文明。

二级文明可以利用整个恒星系统的能源。
比如当人类学会收集和储存整个太阳的能量时，人类文明就会升到二级。

三级文明可以利用整个所在星系的能量，比如银河系。
再往上，就不是现阶段人类可以想象的了……

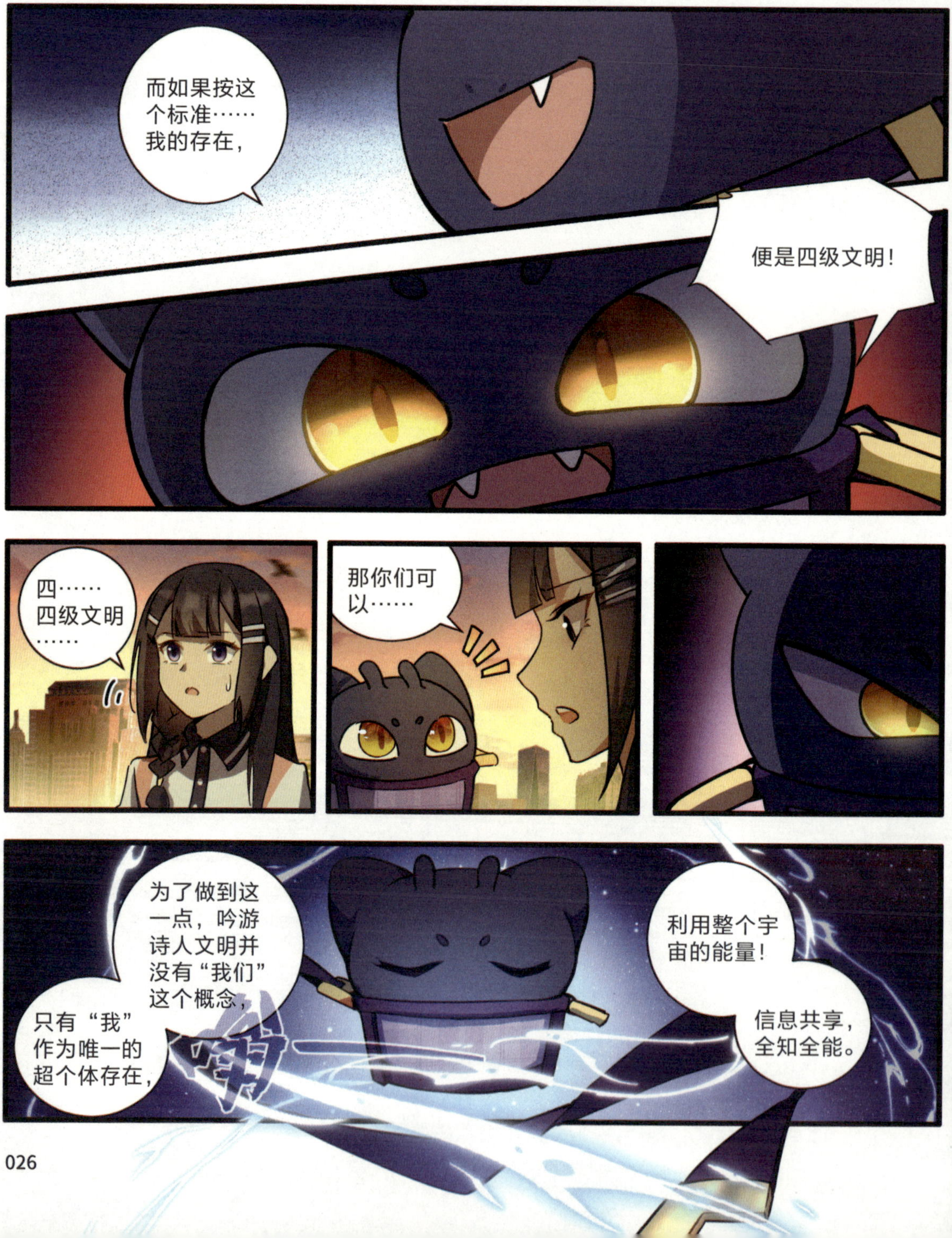
而如果按这个标准……我的存在，
便是四级文明！
四……四级文明……
那你们可以……
为了做到这一点，吟游诗人文明并没有“我们”这个概念，
只有“我”作为唯一的超个体存在，
利用整个宇宙的能量！
信息共享，全知全能。

又或者说，我同时也是我所诞生的宇宙的一部分。
全知全能……
思考
恍然大悟
噢，我知道了！你是**拉普拉斯妖?!**
拉普拉斯妖是什么？
那是一个电闪雷鸣的夜晚……
多年前……
轰隆隆……

轰隆隆！
我问妈妈，世界上有没有神……
她说……
人类在几千年的文明史中，流传着许许多多的神话故事，这些神话故事中有很多神……
但说到底，这些神都是人类幻想出来的，并不真实存在！如果真要找出一种类似“神”的科学概念……

那就不得不提到一位法国数学家——**皮埃尔-西蒙·拉普拉斯。**
1814 年，他在决定论的基础上，提出了一种假想生物：
拉普拉斯妖！
他是这样想的：如果人类生存的这个宇宙符合因果定律，有因必有果，
同时，又可以利用各种力学公式，计算出所有物体的运动规律。
沙沙
$f = h\frac{c}{\lambda}$
$\Delta p > h$
K_{max}
那么，只要有一种生物，它知道宇宙中所有原子的“状态”，
它就可以推算出这个宇宙中所有原子过去的“状态”和未来的“状态”。

又因为宇宙中的一切现象都是原子的排列组合，这也就意味着，
这个生物将知晓宇宙从过去到未来的所有事情。
一切秘密在它眼中都无所遁形。这就是全知的：**拉普拉斯妖！**
虽然后来因为熵增定律、量子理论和混沌理论的出现，让人们发现“原子”的状态没那么好测量，也没那么好计算，从而使“拉普拉斯妖”这个概念逐渐失去立足之地，
但当年这种“神”与科学奇妙结合所带来的确定性一度让人类非常着迷，几乎统一了 19 世纪的科学界论调。
很多科学家都对此深信不疑，也让爱因斯坦说出了那句著名论断：
上帝不会掷骰子。

直到今天，还是有很多人相信决定论，相信宇宙可以被预测。
这就是“拉普拉斯妖”的故事……
所以，
你是拉普拉斯妖吗？
当然不是！那只是你们地球人幻想出来的东西！
你有没有想过，
当一个先进到人类无法理解的文明降临地球时，它们在地球人眼中其实跟“神”也没什么区别。
你的意思是……

我不是什么神灵，也不是什么拉普拉斯妖，
我只是一个你们人类暂时很难理解的“外星人”。
呃！
有你这么奇怪的外星人吗？你来自哪颗星球？
作为一种四级文明，为了能够掌控整个宇宙的物质和能量，我早已和宇宙融为一体。
我不来自任何星球，准确地说，我来自另一个宇宙。
和你们人类的足迹遍布地球，自称地球人一样，我的宇宙就是我的家。

那是当然！
那你应该特别厉害喽？
作为吟游诗人文明，我通过记录和书写各种信息来创造物质。
嗡——
丰富宇宙内容，扩张宇宙边界，最终达到壮大自身实力的目的。
所以我最拿手的能力就是，
把一段我看到的信息具象化，
或者把具体的物质直接收录成一段信息……
嗯……
你能说得再具体一点吗？

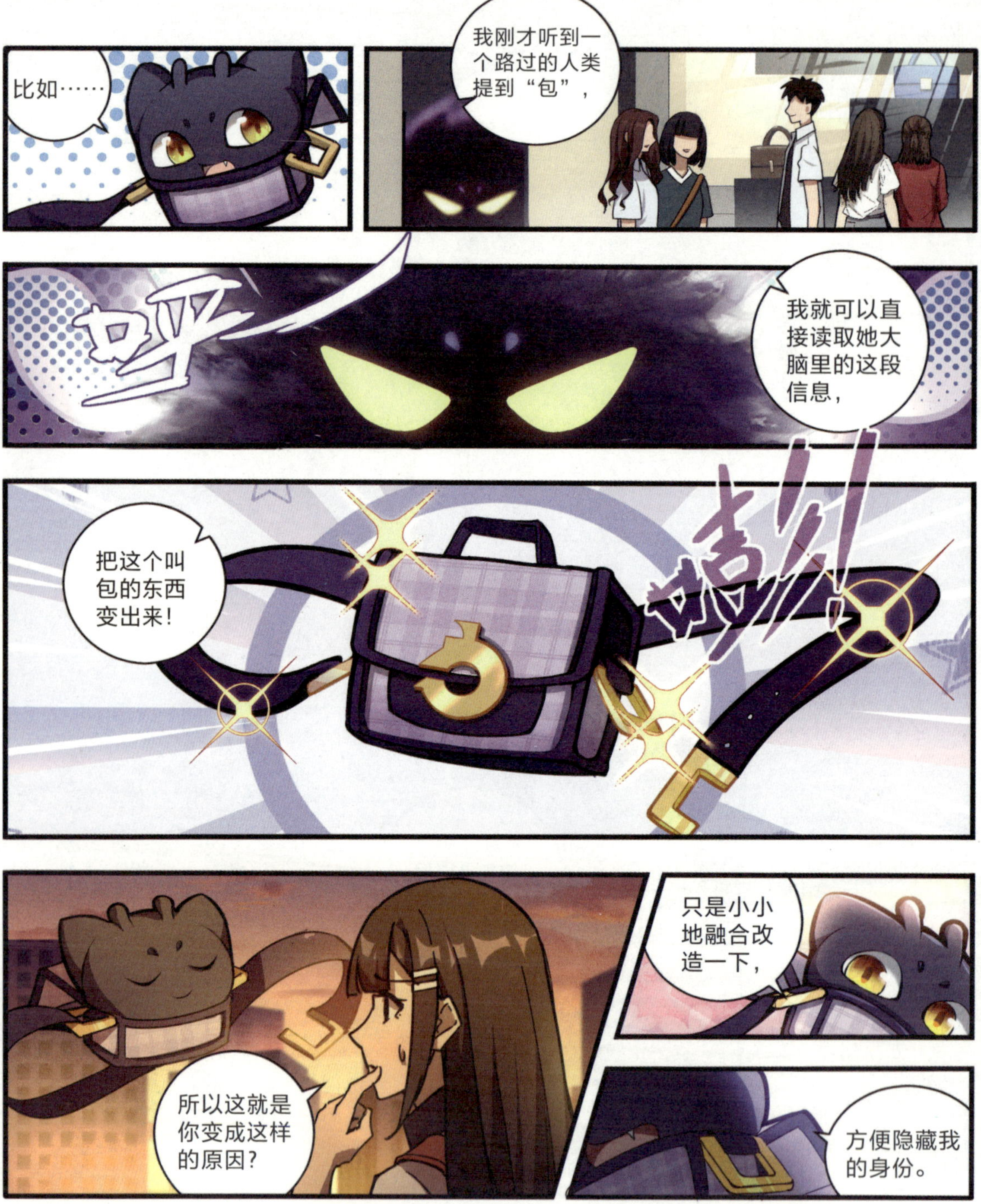
比如……
我刚才听到一个路过的人类提到“包”，
呼
我就可以直接读取她大脑里的这段信息，
把这个叫包的东西变出来！
所以这就是你变成这样的原因？
只是小小地融合改造一下，
方便隐藏我的身份。

噗！
怎么了？有什么问题吗？
没……没有问题，一点儿也不奇怪。
我就是很好奇……既然你这么厉害，
待在这里干吗？
呃……
那……那当然是因为我勇敢地反向冲进了我们宇宙的白洞！
然后又从你们宇宙的黑洞里冲出来了……
一不小心……
僵住
呃

就被吸干了能量……
垃圾分类
有害垃圾
可回收垃圾
厨余垃圾
呼噜……
吧唧吧唧
惊！
迫降在地球。

什么？我记得黑洞的吞噬能力连光都无法逃脱啊！
你能从里面冲出来？
所以我现在才这么虚弱啊……
呕
说得跟真的似的……
可以补充能量。
这个吃吗？
你等一下！
干脆面
香辣鸡翅味
干吃更好吃
喂！我可不是什么低贱的食物都……

拿着吧你！
虽然不太相信你说的话，也不知道你是什么动物，
但……
谢谢你告诉我这些有趣的事……
离开
这是什么奇怪的东西？
晃晃

咔吧!
!
轰!!!
太好吃啦!!!

嗒——
放下
拉开
宙之书

惊!
听说你很想了解黑洞?

人物介绍

姓名：小龙包

年龄：267 亿岁

种族：吟游诗人文明的一员，每个宇宙只会诞生一只

身高：25 厘米

性格：没有人类的情感，经常提出在人情世故方面行不通但很合理的想法，比如直接把坏蛋解决掉

喜欢的食物：方便面

喜欢的动物：龙

人生目标：在宇宙中创造好玩新鲜的东西

弱点：无法抵抗方便面的诱惑，并认为方便面是地球上最好吃的东西，但是不知道方便面是怎么做出来的

第一章
黑洞之旅

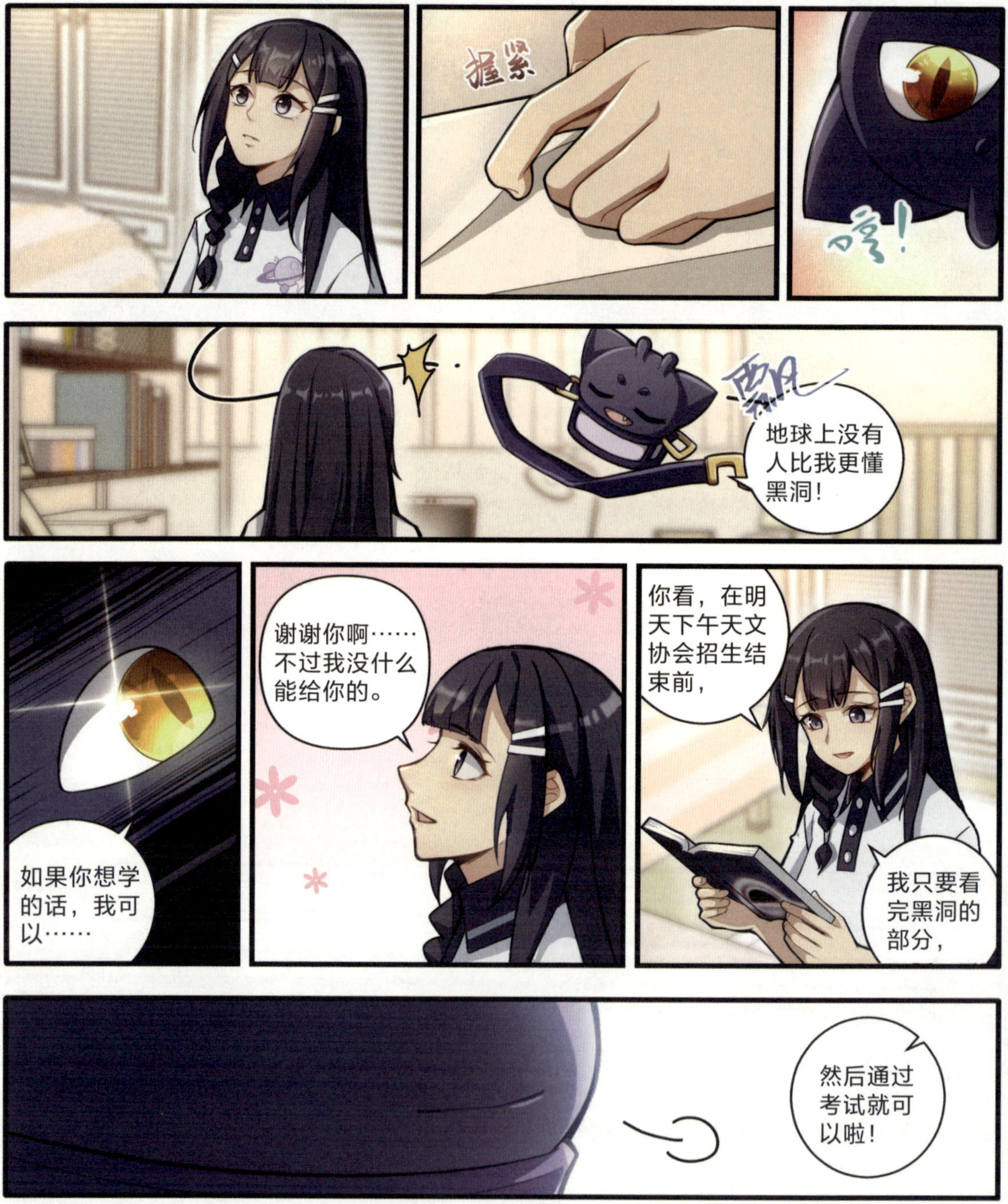
握紧
哼！
翻
地球上没有人比我更懂黑洞！
如果你想学的话，我可以……
谢谢你啊……不过我没什么能给你的。
你看，在明天下午天文协会招生结束前，
我只要看完黑洞的部分，
然后通过考试就可以啦！

我可以教你。不过，有一个条件！
我的条件就是——给我脆脆的长方体！！！
呃！
脆脆的长方体？
对！脆脆的长方体！
?
在哪里？在哪里？在哪里？
如此精妙的结构设计……疯狂却不失理智的曲线……先干脆后绵软的口感……
就是下午你给我吃的那个！
闪闪
发光
没想到地球人竟然能造出这么高级的食物！

给你!
这叫干脆面，你喜欢吃的话，以后放学可以给你带。
吧唧
吧唧
不过，今晚你可不能打扰我，我得抓紧时间把书看完。
哗啦
如果……大量物质集中在宇宙空间的一点，
可能会产生神奇的现象:

该点周围如果发生了一件事，将不会被范围外的人看到，因为光也逃不出这个范围。
这个不可思议的范围叫“事件视界”，黑洞就在其中！
1915 年，史瓦西对爱因斯坦引力场方程的一个数学解：
$ds^2=-\left(1-\frac{2GM}{r}\right)dt^2+\left(1-\frac{2GM}{r}\right)^{-1}dr^2+r^2\left(d\theta^2+\sin^2\theta d\varphi^2\right)$
扭曲
很难吗？
你要干吗？
看在干脆面的分儿上，我来帮帮你！
唰

我最拿手的能力，就是把一段信息具象化。
看我的！
比如把一本书，四维展开成一个真实的世界！
呼呼！

太久没用了，能量输出有点猛……
嘿——
再来！
喂！
叹
全宇宙之书
叮——

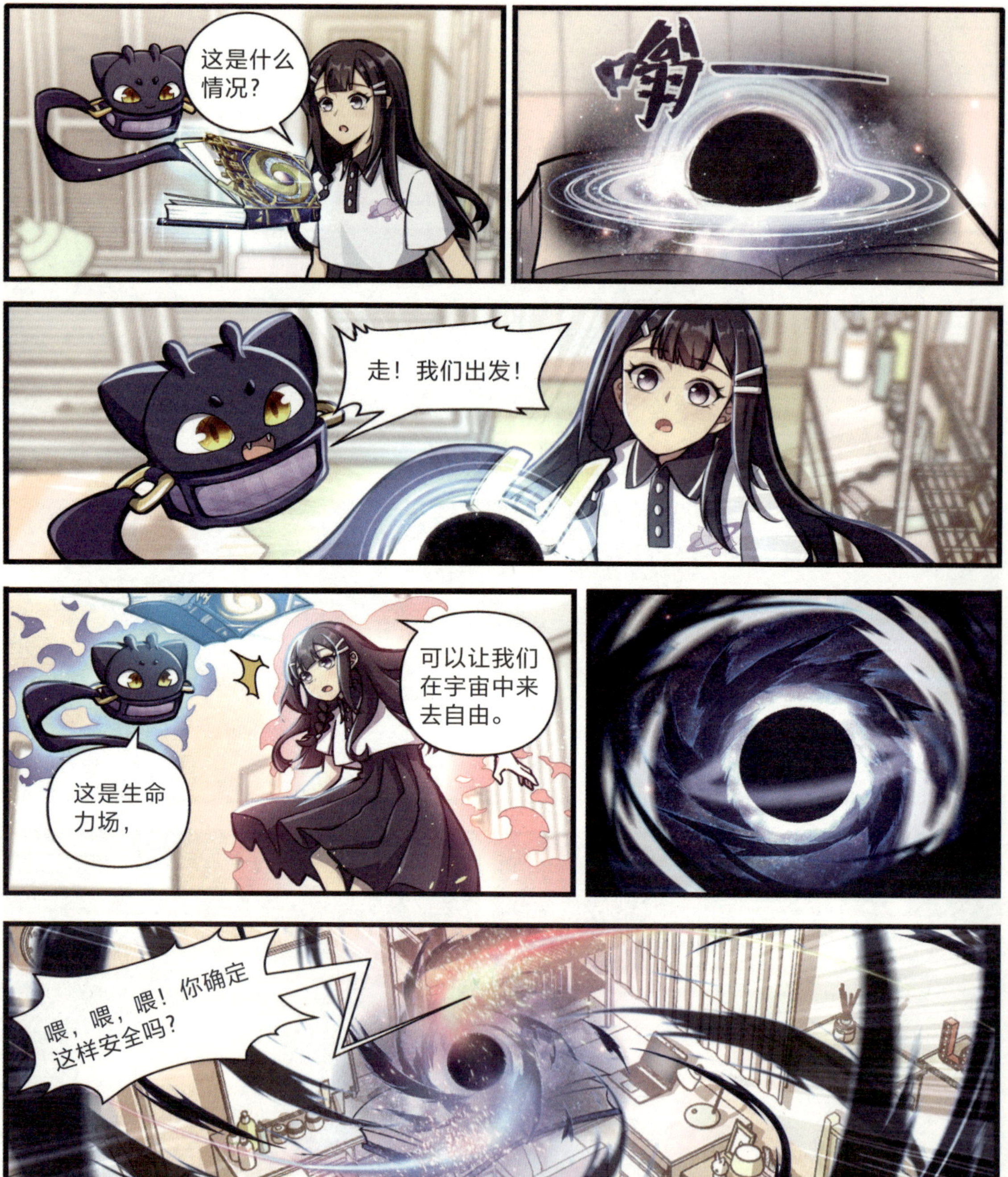
这是什么情况？
嗡——
走！我们出发！
这是生命力场，
可以让我们在宇宙中来去自由。
喂，喂，喂！你确定这样安全吗？

颤颤
巍巍
我现在就带你去现场感受黑洞！
我有问题！如果黑洞连光都能吸进去，
那我们怎么能看见它啊？
嘿嘿，黑洞虽然可以吞噬光，但它并不等于一片虚无啊。
电荷
角动量
质量
虽然被黑洞吞噬的物质都会“失忆”，丢掉所有信息，但最后我们在外部观察黑洞，还是会剩下质量、角动量、电荷这三个能够被观察到的量。
如果我们把一个东西扔进黑洞，那么除了这三个量之外的所有信息，譬如这个东西到底是圆的还是方的，到底是黄金做的还是木头做的，都不会对黑洞产生任何可以观察到的影响，这些信息通通消失了。
小龙人
这些消失的信息被戏称为“黑洞的毛”。1973 年，霍金等物理学家证明了“黑洞无毛定理”：无论什么样的黑洞，其最终性质仅由三个物理量——质量、角动量、电荷所确定。

又因为黑洞的质量肯定不能是0，
所以物理学家就根据角动量、电荷的有无，把黑洞分成了四种：
不旋转不带电的：
史瓦西黑洞。
不旋转带电的：
雷斯勒-诺斯特朗黑洞。
旋转不带电的：
克尔黑洞。
既旋转又带电的：
克尔·纽曼黑洞。
也就是说，黑洞外部其实是有信息可以被观察到的，
并非一片虚无。
那……它看起来到底是什么样子？
你自己看！

黑洞强大的引力会使周围的时空弯曲，形成透镜的效果，路过的光线也就被迫走了弯路，这种现象被称为**引力透镜**。
因为引力透镜的存在，当远方的星系从黑洞身后掠过时，我们就能感受到这样的美景。
当一颗恒星被大质量天体完全挡住时，因为引力透镜的存在，你甚至可以看见这颗恒星。只不过它变成了一个圆环，这就是爱因斯坦环。

所以黑洞就在那里吗？
对啊，也就几十万光年的距离吧。
好吧。
但我可以带你过去！
会蛙泳吗？试试蹬腿！
抬起
啊啊啊啊！
咻
慢一点啊！！！

唰——
别害怕，放松，就和游泳一样。
哇……这种感觉好棒！
咻！

唰
触碰
这里危险我们离远一点。
我们刚才一不小心飞到黑洞喷射的粒子流里面了。
它叫相对论性喷流，长达 3000 光年。
有角动量的黑洞会不停自转，这个时候，黑洞的磁场就会让黑洞沿着自转轴，把等离子体从两边喷射出去，就是各种由质子、电子、正电子组成的电中性的离子。

从两边？我怎么只看到一条？
它之所以叫相对论性喷流，
就是因为它表现出了爱因斯坦的狭义相对论效应。
因为这些粒子流速度接近光速，所以朝向我们的喷流会变亮，远离的则会变暗。
我们在这儿只能看到朝向我们的喷流，另一条已经暗得看不见了。
想看？换个角度就好。
缓缓
下降
因为上面的喷流略微朝向我们，下面的略微远离我们？
现在看清楚了吧，上面的喷流亮一点，下面的暗一点。
知道为什么吗？
我想再靠近一点看。
喂，小心点！

轰隆隆……
太美了……
黑洞周围这一圈叫吸积盘，是宇宙最壮观的风景之一。
看那边！

很多大质量天体都会利用其巨大的引力在宇宙中抢夺物质，甚至把周围恒星的物质都夺过来。在抢夺过程中，这些物质会被引力压缩，温度急剧升高，发射出电磁波。黑洞也是这样，被它吸过来的物质绕着黑洞飞速旋转，互相摩擦，能够发射出 X 射线。这就是吸积盘，看上去很美，其实非常危险！

高速旋转的超大质量黑洞的
吸积效率甚至高达 40%，
就是能将质量的 40% 以上直接
转换成能量，把黑洞变成宇宙
中最明亮的天体。
转头
最亮的
天体？
去看看。
喂！小心
一点啊！

现在我们已经到达吸积盘的内部边缘，
这里是物质（有静止质量的粒子）可以围着黑洞公转，同时又不被吸进去的边界了。
这个圆形范围是爱因斯坦广义相对论的一个预言，
被称为黑洞的最内层稳定圆形轨道。
那前面的光是什么？
发光的那层叫光子球。
光子这些没有静止质量，可以以光速运动的粒子，会在这个范围内绕着黑洞旋转。
它没有厚度，只是薄薄的一层。
好神奇啊……
伸入

?!
吸入
呃!!
缠住
没关系，稳住！这里还没到真正的黑洞。
在光子球上，不管你速度多快，离心力都为零，你会感觉自己的重量不变。
在光子球外，你绕黑洞的速度越快
离心力越大，就会感觉自己越轻。
进入光子球内，你速度越快，就会感觉自己越重，被更快地拉入黑洞。

唰——
前面就是事件视界了。
你们人类文明认为，视界里无论发生什么事，都不会对视界外的观察者产生影响。也就是说，里面的任何东西都没法逃出来，我们也不会知道里面发生了什么。
疑惑
我要是掉进去会怎样？
根据广义相对论，如果我在黑洞外面看你掉进去，
你会被拉成长长的面条。
呃……
这是因为巨大的引力会让你的时间被无限拉长，在我的眼里，你需要耗费无限长的时间才能跌进去。
不过，只要你不被引力碾碎，你自己就不会察觉到时间的异常。因为根据相对论，我和你的时间是相对的，我们的时间并不一样。
而这个过程中你的影像又会经历逐渐增强的红移，你就像被定住并且拉长了。

兴奋
好！现在终于到揭晓谜底的时间了！
让我们看看黑洞里面是什么！
危险！
咻——
根据广义相对论，黑洞中心是一个体积无限小、密度无限大、引力无限大、时空曲率无限大的点，人类所知的物理定律无法适用。
球社
天文协会
播音
招新

为什么他们就是不到我们这里来?!
会不会是我出的题太难了?
天文协会要毁在我手里了!
连这么简单的题都做不出来，入会又有什么意义?
你好!
嗯?
你好！可以给我一份入会测试题吗?

人物介绍

姓名：从梦

年龄：12 岁

年级：奇点中学初一新生

身高：156.6 厘米

性格：冷静的旁观者，无偏见的好奇心，经常不理解双胞胎哥哥在兴奋什么

喜欢的颜色：黑色

喜欢的学科：天文学

喜欢的食物：完全不在意食物

喜欢的动物：变色龙

第二章
宇宙中的神秘信号

小朋友们！
所有人目光
向我看！
下面给大
家介绍，
全世界最大、
最灵敏的单
口径射电望
远镜——

中国天眼

叔叔！
下雨的时候怎么办？这个大锅里面会不会积水啊？
什么大锅?!是500米口径球面射电望远镜好不好?
……
放心吧，
整个反射面其实是用4450个铝合金面板拼起来的，
连接的地方有很多圆孔，可以漏水。
这时候肯定有同学要问，
这么一口大锅是用来干吗的呢？

当然是接收各种来自宇宙的神秘信号，
帮助天体物理学家发现以前不知道的东西！
我知道！是外星人！
我们发现外星人了吗？
外星人有几只眼睛啊？
外星人会洗澡吗？
外星人会来进攻地球吗？
当然，接收到的信号里也不能完全排除，存在这个……
可能的外星文明痕迹……
耶！！！

哦对！大家看到那个红色按钮了吗？
唰
对于外星人，我们想过一个问题：
如果有一天，人类真遇到靠自己完全无法解决的灾难，
比如全球气候崩溃之类的，该怎么办？
也许……可以向外星人寻求帮助。

于是我们制造了一个超级按钮，
在关键时刻可以让天文台向宇宙深处发射地球坐标。
用先进的科技帮助人类。
如果外星人收到信号，他们可能会联系地球，
但是现在大家千万不能随便按，
明白了吗？
自由活动时间
啊哈哈……
终于解散了，那些人也太幼稚了，哪有那么多外星人？

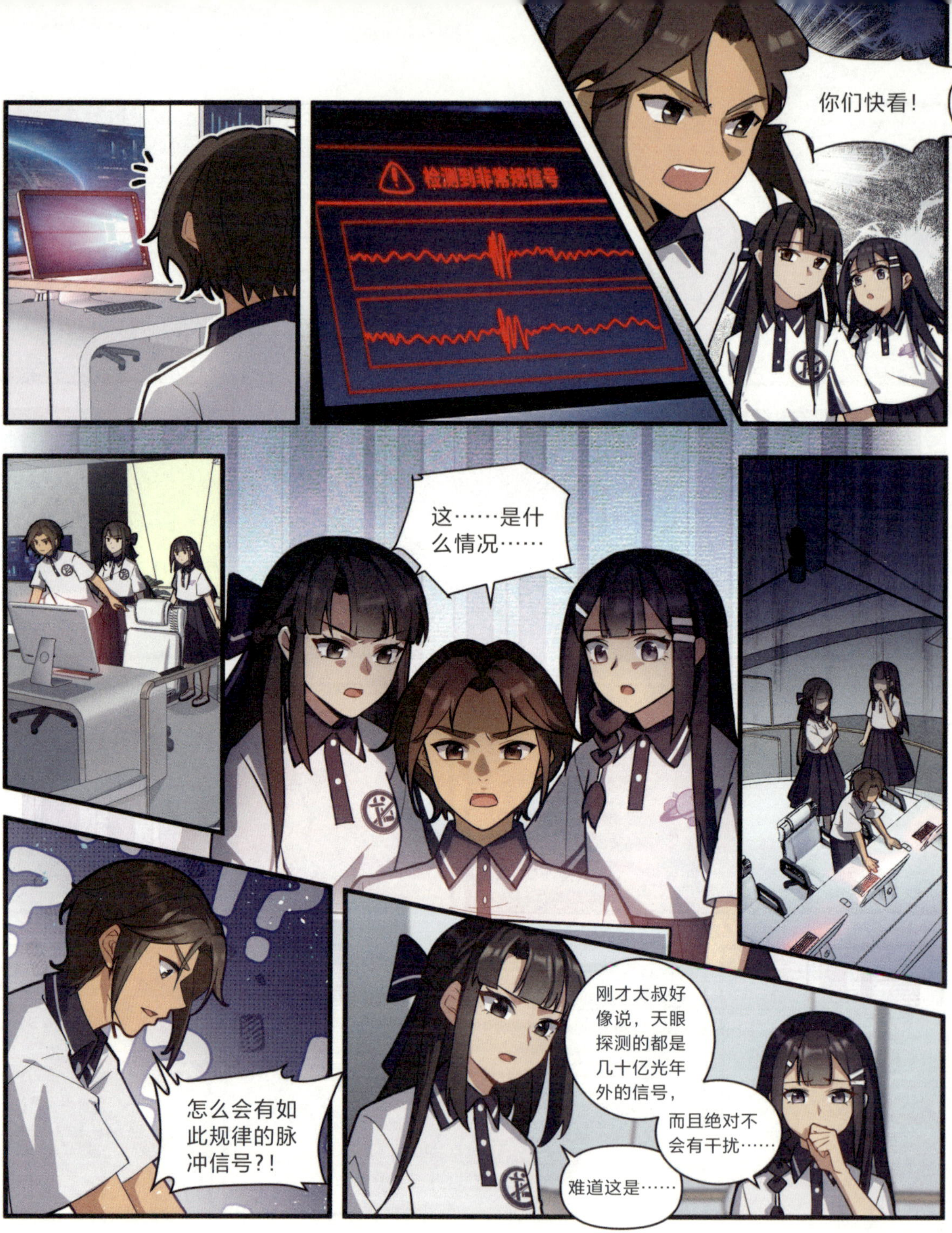
检测到非常规信号
你们快看！
这……是什么情况……
怎么会有如此规律的脉冲信号?!
刚才大叔好像说，天眼探测的都是几十亿光年外的信号，
而且绝对不会有干扰……
难道这是……

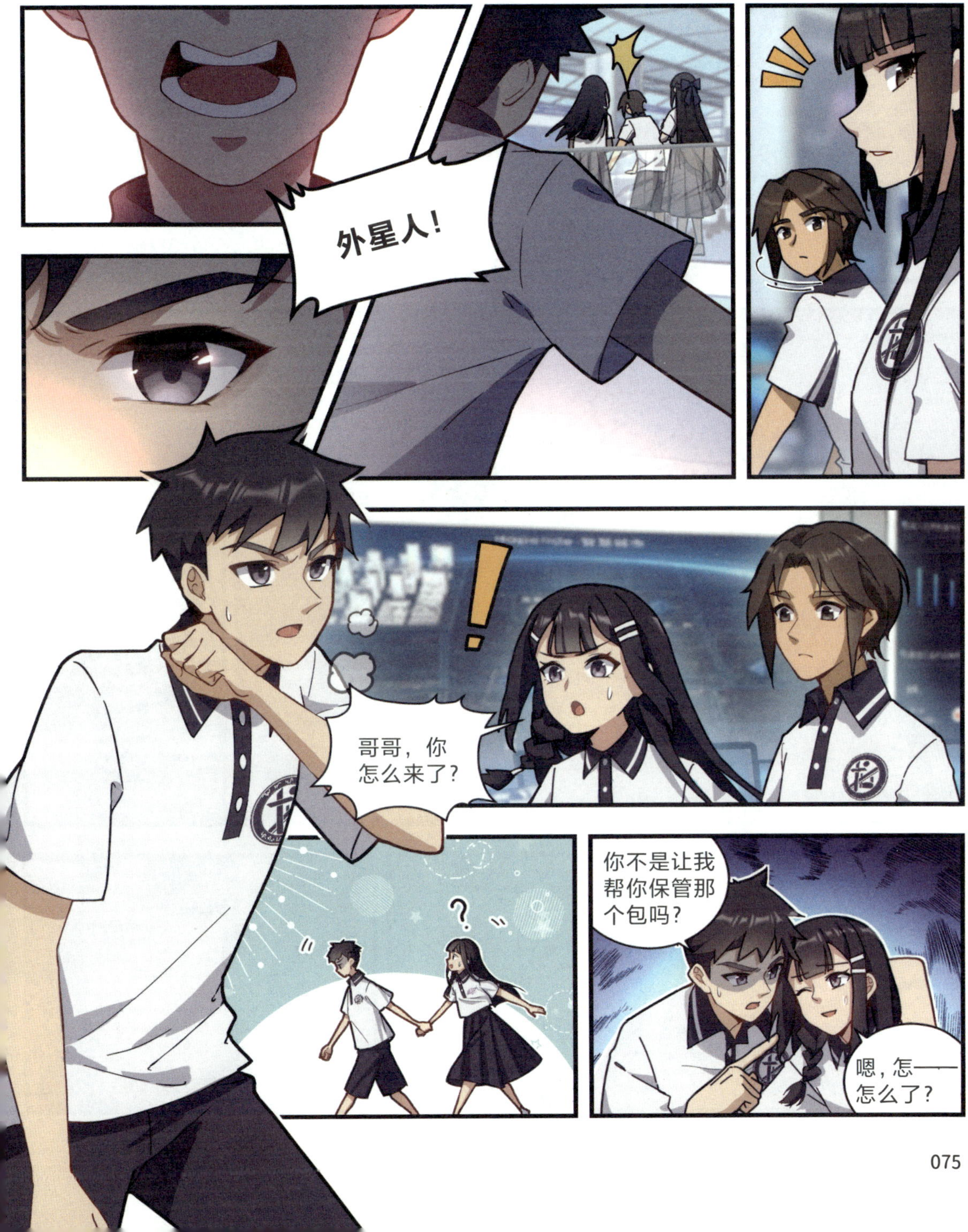
外星人！
哥哥，你怎么来了？
你不是让我帮你保管那个包吗？
嗯，怎——怎么了？

那个包有问题！
我眼睁睁看它飞走了！
然后我就一路跟踪它来到这里。
这该怎么解释……
激动
现在我明白了，那个包一定是外星人变的！
你看！
天眼都检测到信号了！
心虚
这个……

穿梭
没想到地球竟然这么特殊，有这么多以前没见过的东西。
隐身中
作为吟游诗人一族，收集最丰富的宇宙信息是我们的能力和使命。
而现在通过了解人类文明就可以让我获得源源不断的能量。
接下来，只要住在那个小女孩家里，
等地球信息全部收集完毕，
我就能彻底恢复，最后再把地球变成弹珠带走……
哇哈哈哈，我真是个天才！

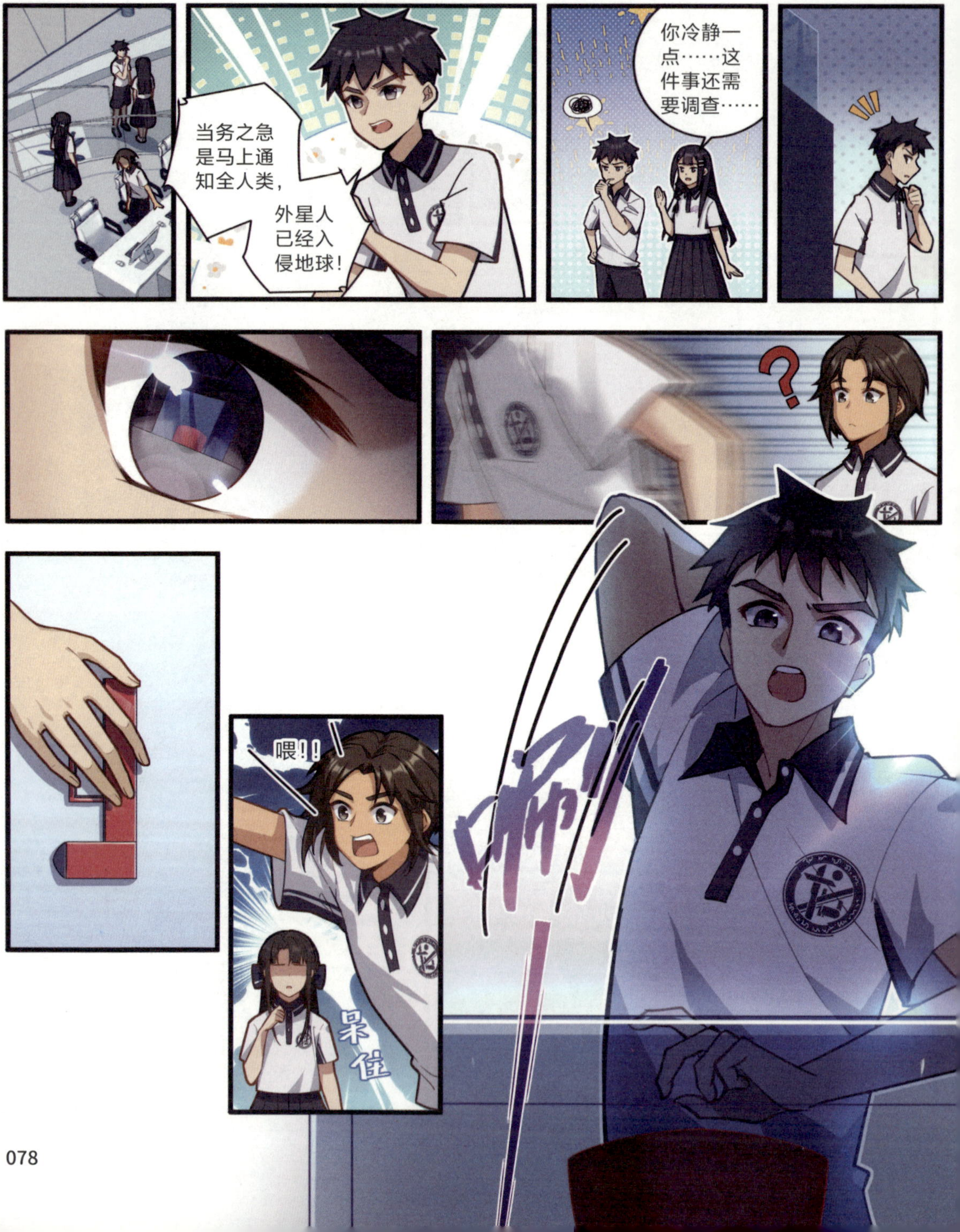
当务之急是马上通知全人类，
外星人已经入侵地球！
你冷静一点……这件事还需要调查……
喂!!
呆住

啪！
哗啦
就是它了！
喂！！
我是谁，
我在哪儿……
按下

嘀
咻
嘀
嘀
嗯？好强烈的
无线电信号。
发生什么事了？
嘀
嘀
过去看看。

哼，原来从梦在这里，出来玩竟敢不叫我。
哈哈哈!!
穿过
吟游诗人驾到！所有人类通通闪开！
你来得正好，哥哥把地球坐标发射出去了……
外星人！这就是那个外星人！
一旦被邪恶的外星生物发现，后果将不堪设想。

哎哟!
我们刚才收到了神秘的非常规信号，
哥哥怀疑是外星人干的，你知道这是什么吗?
嗯，让我看看……
呃!
这简单啊，我们去信号源看一眼，不就知道了?
你说什么?
那边的小鬼，你们在干什么?!
快走!
轰隆隆……
出发!

呼呼——
?!
喂!!!
咻
咻
咻
消散
啊！原来是
脉冲星!
脉冲星?

脉冲星，一种快速旋转的致密天体，会从
两个磁极发出强烈的电磁脉冲信号。
因为这种天体的磁极和自转轴不一致，所以随着高速旋转，磁极发射出来的脉冲信号就会往返循环移动，形成圆锥形的辐射区。
自转轴
磁极
脉冲信号
辐射区
如果信号正好扫射到地球上，我们就能观察到周期性的信号波动，人类便将这种天体称为脉冲星。
!

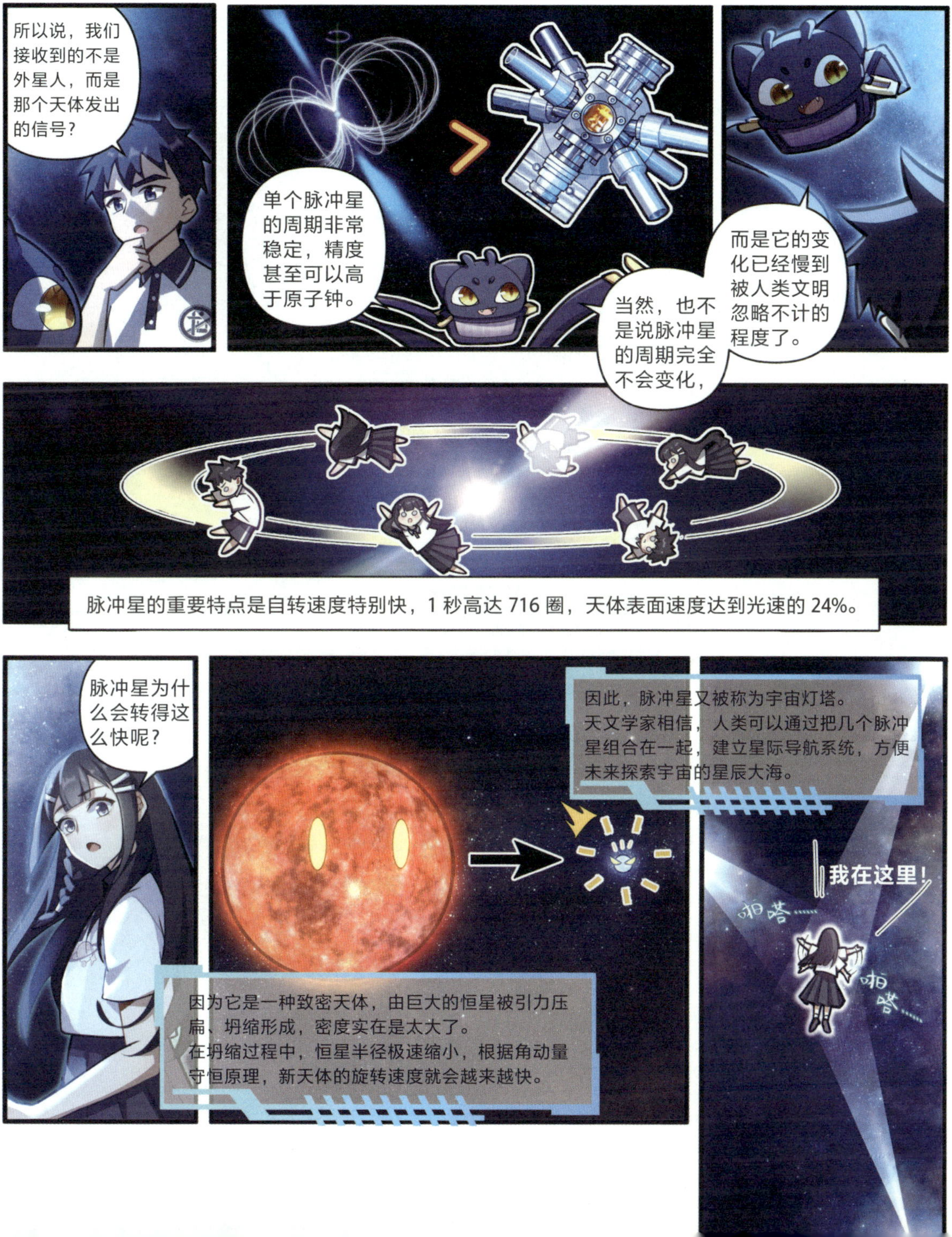

所以说，我们接收到的不是外星人，而是那个天体发出的信号？
单个脉冲星的周期非常稳定，精度甚至可以高于原子钟。
当然，也不是说脉冲星的周期完全不会变化，
而是它的变化已经慢到被人类文明忽略不计的程度了。
脉冲星的重要特点是自转速度特别快，1 秒高达 716 圈，天体表面速度达到光速的 24%。
脉冲星为什么会转得这么快呢？
因为它是一种致密天体，由巨大的恒星被引力压扁、坍缩形成，密度实在是太大了。
在坍缩过程中，恒星半径极速缩小，根据角动量守恒原理，新天体的旋转速度就会越来越快。
因此，脉冲星又被称为宇宙灯塔。
天文学家相信，人类可以通过把几个脉冲星组合在一起，建立星际导航系统，方便未来探索宇宙的星辰大海。
我在这里！
啪嗒……
啪嗒……

1977 年，人类朝太阳系外发射了旅行者号探测器。
探测器携带的金盘上刻有地球附近的脉冲星信息，希望如果金盘被外星人发现，可以帮他们定位地球。
原来如此……
我还有问题：脉冲星一直发射强烈信号，
它从哪儿获取那么多能量？
能量来源有三种可能：
1. 脉冲星具有巨大的旋转能量，随着脉冲不断释放，旋转能量也会越来越少，转得越来越慢。
但这种变化非常缓慢，因此旋转能量常常需要几千万年甚至一亿年才会损失殆尽。以人类文明的时长来看，我们完全感受不到脉冲星旋转信号的衰减。
2. 脉冲星密度高，质量也非常大，一般至少等于两个太阳的质量。这样它就能从宇宙中用引力吸引物质，这些物质飞速落入脉冲星，其下落具有能量，可以提供给脉冲信号。
3. 脉冲星发射的信号来自快速旋转的磁场，这些磁场也可能随时间减弱，减弱的磁场能量可以给脉冲信号供能。

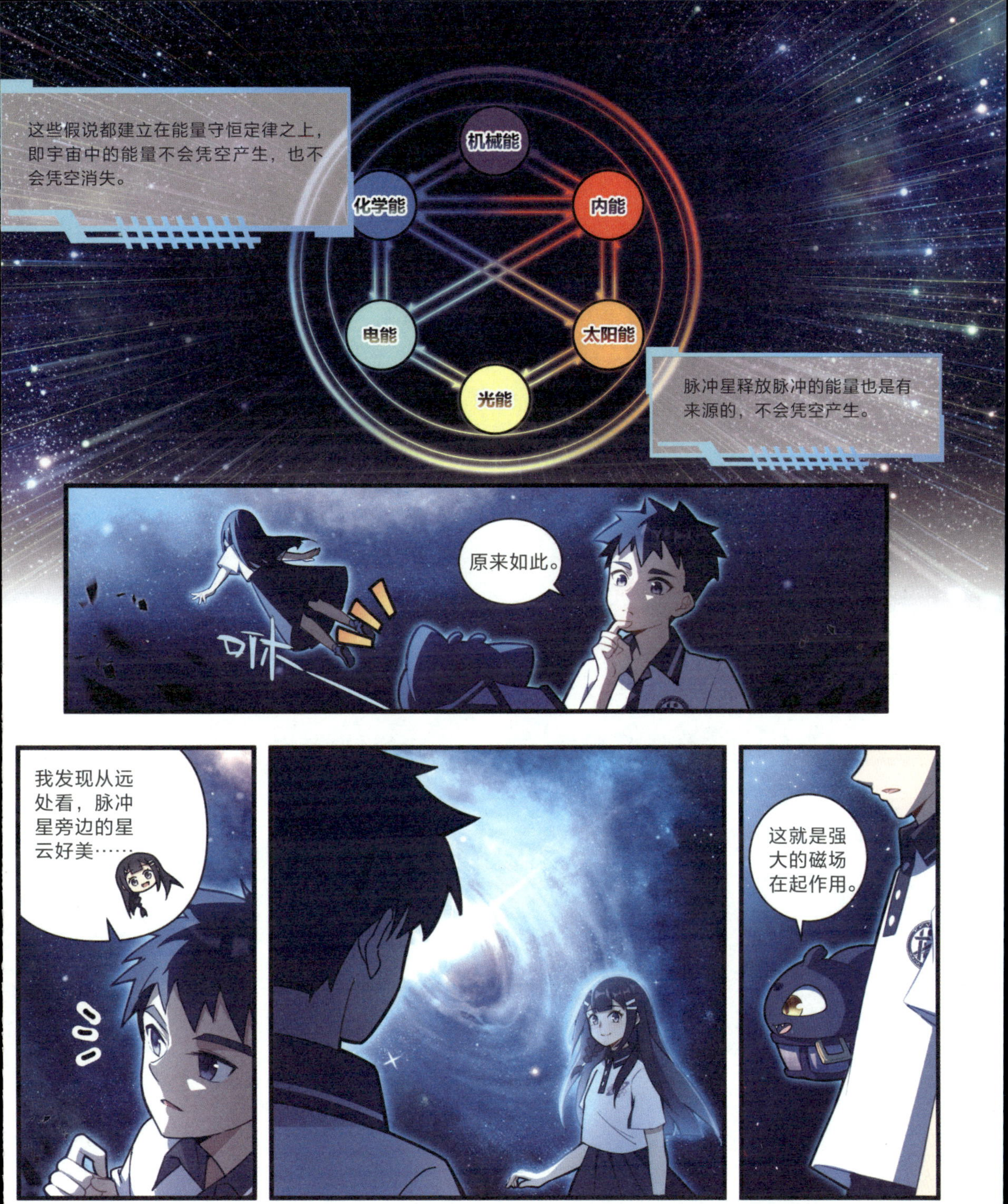
这些假说都建立在能量守恒定律之上，即宇宙中的能量不会凭空产生，也不会凭空消失。
机械能
内能
太阳能
光能
电能
化学能
脉冲星释放脉冲的能量也是有来源的，不会凭空产生。
原来如此。
咻
我发现从远处看，脉冲星旁边的星云好美……
这就是强大的磁场在起作用。

当脉冲星这类天体的磁场大到一定程度后，它们会被称为磁星。磁星的磁感应强度一般高达 1 亿特斯拉，甚至是 10 亿特斯拉。作为对比，地球上磁性最大的钕磁铁的磁感应强度也只有 1 特斯拉。
如果冥王星的位置有一颗磁星，那么地球上所有的银行卡都会被消磁。
也因此，如果脉冲星周围正好有一片星云，有许多气体尘埃，那么巨大的磁场就可以把星云搅动出非常漂亮的螺旋形状，同时把一些尘埃推出去，形成星风。
星风中的带电粒子会被磁场加速到相对论速度，也就是说这个风速接近光速，把星云搅得天翻地覆。
现在你们看到的，就是美丽的脉冲星风云。

好了，问题解决了，谢谢你啊。
喂！
一包……不对，两包干脆面！
好，好，好，两包干脆面……
对了，地球坐标已经被发射出去了，怎么办？
嗨……凭你们那点发射强度根本就不会被其他星球发现。
要是实在担心，
我把你们带回按下按钮前的时间线就行。
走喽！

咻
咻
咻
叮
怎么会有如此规律的脉冲信号?!
难道这是……
砰!
吓!
疼疼疼……
怎么了?
啊，不，不小心撞到了人，啊哈哈哈……
啊!

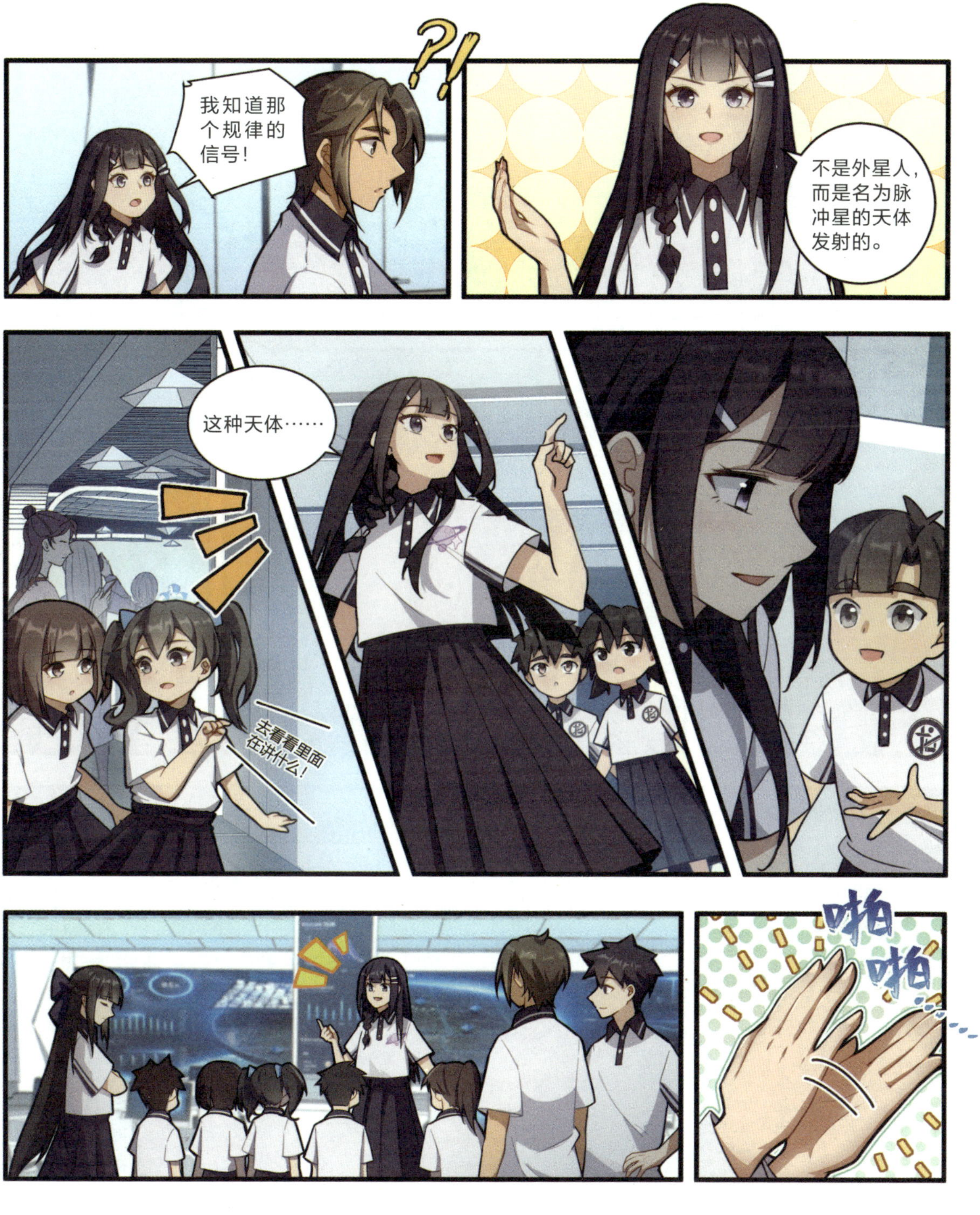
我知道那个规律的信号!
?!
不是外星人，而是名为脉冲星的天体发射的。
这种天体……
去看看里面在讲什么!
啪
啪

这位小朋友了解得很多嘛。
迄今为止，
中国天眼已经发现几百颗脉冲星，
哼！
为科研事业做出了巨大贡献。

1967 年 10 月，剑桥大学卡文迪许实验室的一位 24 岁的女研究生约瑟琳 · 贝尔 · 伯奈尔，在射电望远镜上发现了周期十分稳定的神秘脉冲信号。她和导师安东尼 · 休伊什都不知道这是什么，以为是外星人发送的信号，所以将其称作“小绿人星”（Little Green Man, LGM）。

随着此类信号越来越多地被发现，天文学家们终于确认这是由一种特殊的天体——脉冲星所发射的。脉冲星与类星体、宇宙微波背景辐射、星际有机分子一道，并称为 20 世纪 60 年代天文学“四大发现”，约瑟琳的导师安东尼 · 休伊什也因此获得 1974 年的诺贝尔物理学奖。

人物介绍

姓名：从林

年龄：12 岁

年级：奇点中学初一新生

身高：154 厘米

性格：热情的领导者，无畏的冒险精神，很在意妹妹的评价

喜欢的颜色：橙色

喜欢的东西：智能卡丁车

喜欢的食物：红烧鳊鱼、冰激凌、羊肉串

喜欢的动物：猫猫、狗狗

第三章

扭曲时空的粗暴力量

奇点中学
天文协会活动室
好，那么……
既然人来齐了……
砰！

对……
对不起！我……
我来晚了！
呼！
第一次参加活动就迟到？
不满
没事，没事，进来吧。
好啦
因为迷路了，所以……
给大家介绍一下，这位就是刚加入我们天文协会的同学，
入会测试题满分获得者——从梦同学！
当然……

从梦也是今年加入协会的唯一新人。
听说她对脉冲星很了解，
上次去天文台还有教授夸她！
呃……
好！
啪！
开始我们今天的主题！

手机掉在地上会碎，
咔
人类永远跳不高，
火箭消耗巨大的能量才能发射上天。
谁知道这是因为什么？
我知道！因为地球有重力！
不对，别的星球也有这种现象啊。
因为每颗星球都有重力罢了。
还是不对！真正的答案是……

万有引力！
铮！
请看！我仿照著名的卡文迪许扭秤实验制作的万有引力装置！

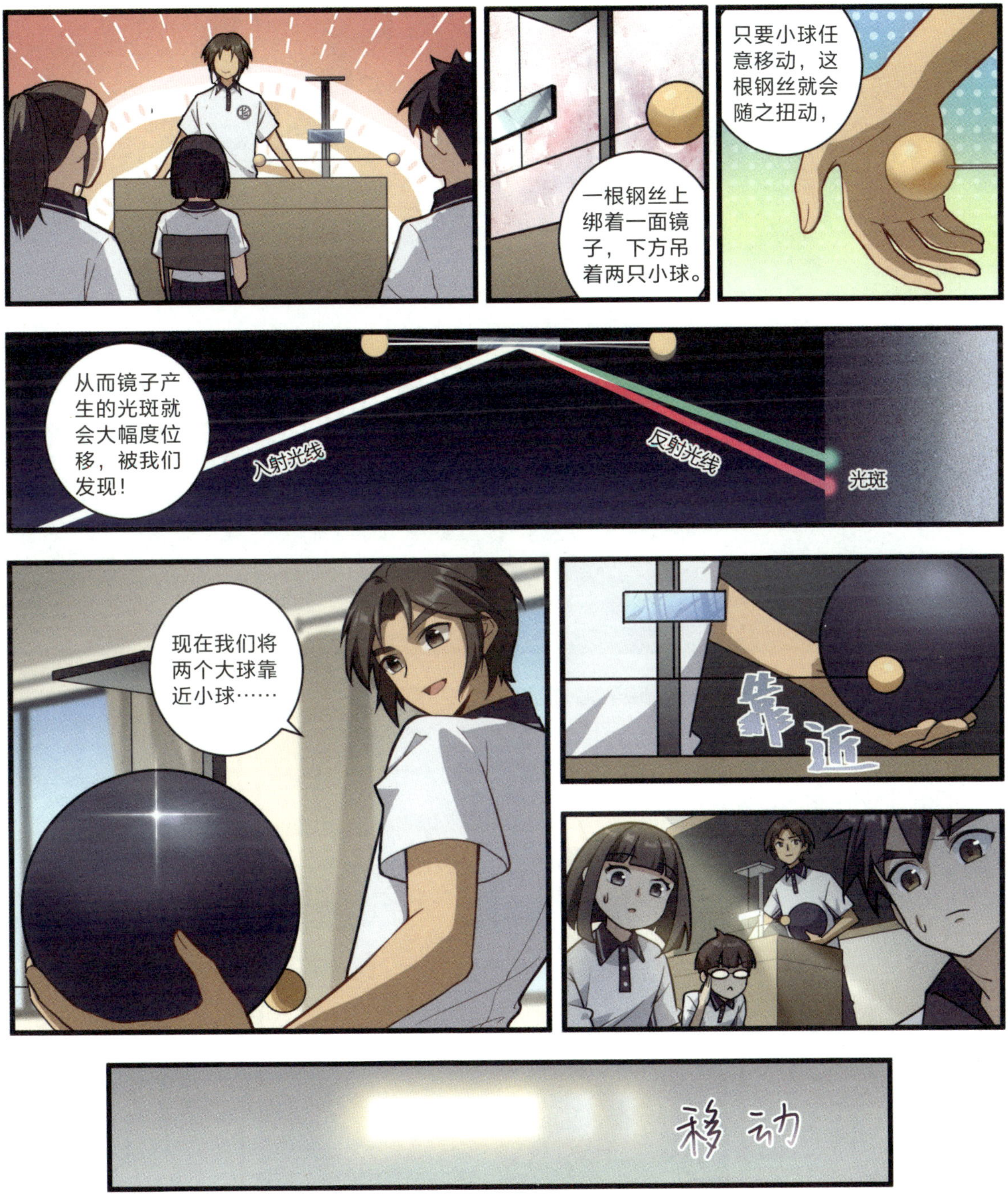
一根钢丝上绑着一面镜子，下方吊着两只小球。
只要小球任意移动，这根钢丝就会随之扭动，
从而镜子产生的光斑就会大幅度位移，被我们发现！
入射光线
反射光线
光斑
现在我们将两个大球靠近小球……
靠近
移动

光斑移动了！
大球和小球互相吸引了！
这就是万有引力！
不仅是星球，任何物体之间都存在的，
一种相互吸引的力量！
而且，你们知道吗？
引力其实并不是一种力，它的本质是时空的扭曲。
时空的扭曲?！

比如质量巨大的星球，其周围的时空会被压陷扭曲到一个夸张的地步，
产生的引力足以让路过的任何东西都无法逃脱。
今日，科学家观测到了在长蛇星座区域，距离地球 130 光年处产生的引力波，并伴有光学对应体。
专家表示，具体产生原因正在研究。
引力波……
引力波是什么？

引力的本质是时空扭曲。
而当宇宙某处发生物质和能量的超级剧烈运动，以至于地球都能发现时空产生了像水面涟漪一样的扭曲波动时，
人类就把这种波动称为**引力波**。
有大事发生，我明白了……
那么，本次协会活动的紧急任务就是……

小到星球！
调查神秘引力波的起因！
大到宇宙！
砰！
银河小队，随时战斗！
解散！

会议结束
引力波……
是什么……

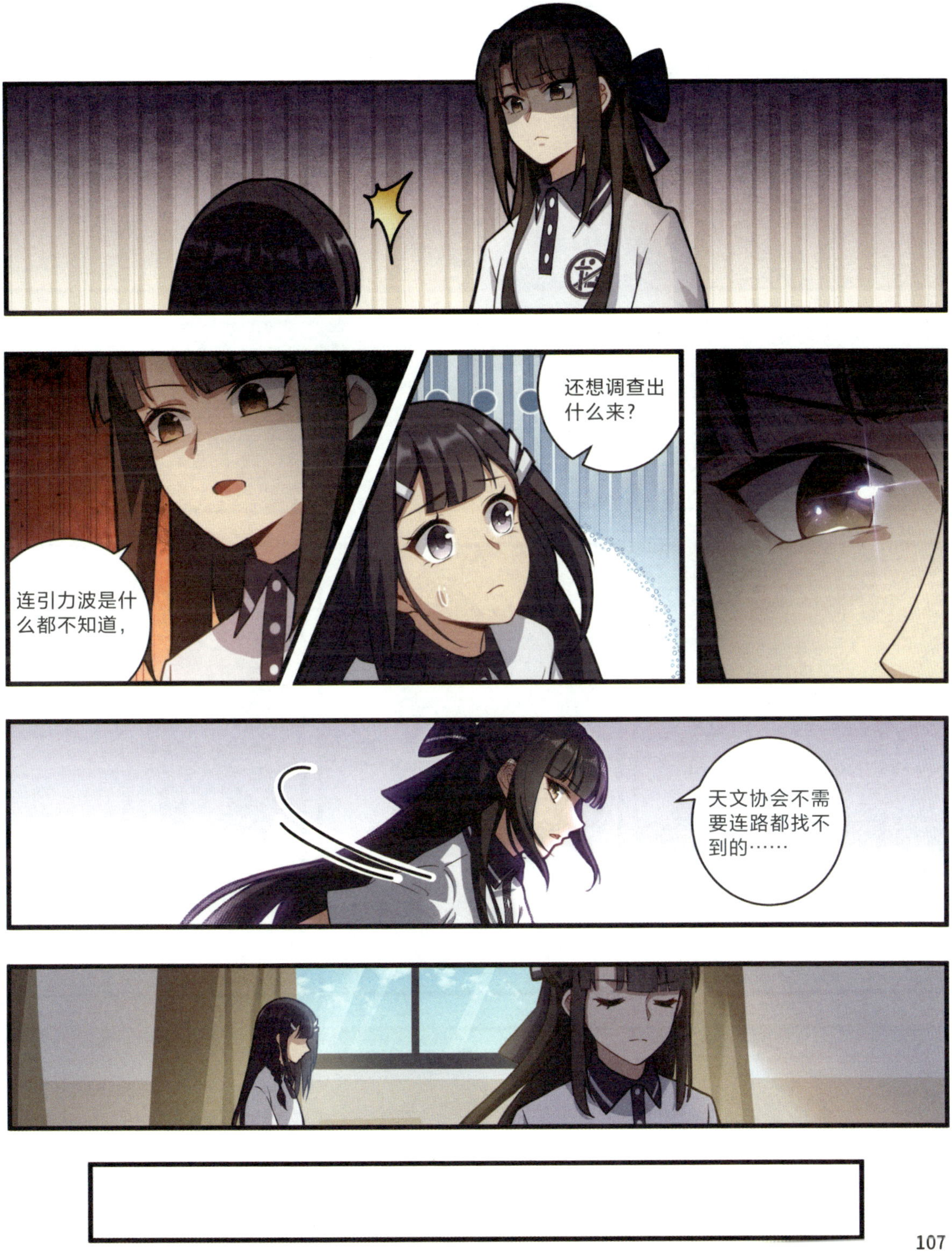
连引力波是什么都不知道，
还想调查出什么来？
天文协会不需要连路都找不到的……

嗯？
小龙包？
你去哪儿了？晚饭也没吃。
最近学习到一种独特的人类文化，叫……

打工！
一个人只要为别人提供服务，就能获得报酬，
还不用成为别人的奴隶。
这个想法实在是太天才啦！
所以，你去打工了？

当然！我靠自力更生赚到一顿美美的大餐！
这种感觉好棒。
哇！真的假的？你干吗了？
不会是去被人当球踢了吧？
小看谁呢？我只是把人送到外太空去了而已。
那就好，我还以为你真……
什么?!

你把人送外太空去了？谁？
一个……漂亮的……小姐姐啊……

笨蛋！一顿高级餐厅的美食就把你收买了，
你知道这有多危险吗?!
你把学姐送去哪儿了？
长蛇星座……
她说她要去找引力波的源头……
哎呦
源头是什么？
放开
我怎么知道！我只负责打开通道，再给她一个生命光环。
打工手册第一条：雇主的事不要多……

问！
砰！
你都是从哪儿学的这些？
轰轰轰！

不好……
怎么了？
这是什么？
这是两颗即将相撞的中子星，引力波就是它们产生的……
这种东西能量太强了，我给她的生命光环承受不住。
所以，应该会有……
生命危险。

?!
你干吗?！你
也承受不住！

这就是中子星吗？怎么看起来这么小？
当恒星慢慢变老，它们最终都逃不出三种结局:
白矮星
中子星
黑洞
当一颗老年恒星的质量是太阳的8~25倍时，其内部的元素都被燃烧成铁后，它可能就会被巨大的引力压扁，
变成一个半径为十几千米的球体，这就是中子星。
中子星是除黑洞外，密度最大的天体。
生活在中子星上，就相当于生活在深圳市，两者面积差不多。

我记得一个太阳的体积就是地球的130 万倍。
那些老年恒星，最后竟然会被压缩成一座城市大小？
这太夸张了吧。
那是因为地球上的东西都是由原子组成的，
而原子又是原子核和电子组成的。
原子核其实很小，我们可以简单理解成原子身体内大部分地方都是空荡荡的。
所以……地球是“虚胖”！
但是在中子星上，引力特别强大，可以直接把原子压碎，带负电的电子被压到原子核里面，
于是原子变成密密麻麻地挤在一起的中子。
基本组成单位小了，整颗星球也就小了。

原来如此……
当然，这也导致中子星的密度非常大，在整个宇宙都名列前茅。
你在中子星上用小勺挖点土，那土会跟整个珠穆朗玛峰一样重。
还有一个好玩的特点是，
像地球这种行星，体积越大，它就会越重。但中子星质量越大，它反而会被压得越紧，体积变得更小。
这就是引力的力量！

你看！我老板就在那颗更小的中子星上。
太好了，终于找到学姐了！
不过我为什么感觉这两颗星越转越快了？
很正常啊，因为它们马上就要相撞了。
撞了会怎样？严重吗？
也还好吧……就是会爆炸，产生引力波。
算是你们这个宇宙中最猛烈的事件之一。
最后……

变成一个黑洞。
黑洞？
打滑

欸欸欸？这是怎么回事？
哈哈哈哈，因为引力太大，中子星表面非常光滑。
你们人类这种靠摩擦力的移动方式是行不通的！
扭曲
我的手……
时空在扭曲，这里的引力波太强了。

那你快想想
办法啊！
看我的！

跨宇宙反引力翅膀！
我的高级宇宙之力，创造出的反引力翅膀，
可以让你在恐怖的中子星上飘浮。
唰

学姐！
你怎么来了？
因为这个笨蛋它……
没时间解释了！你们看！
呼呼

再给你一
对反引力
翅膀！
唰

消失
啊啊啊！
坠落
砰！
糟糕……引力实在太强……
上次去黑洞把能量消耗完了，飞不动了！

谢谢你来救我。
如果今天能活下去，我会加倍还你。
起身
啊……我……

噼啪
噼啪
好多能量可以吸收！我觉得我又行了！

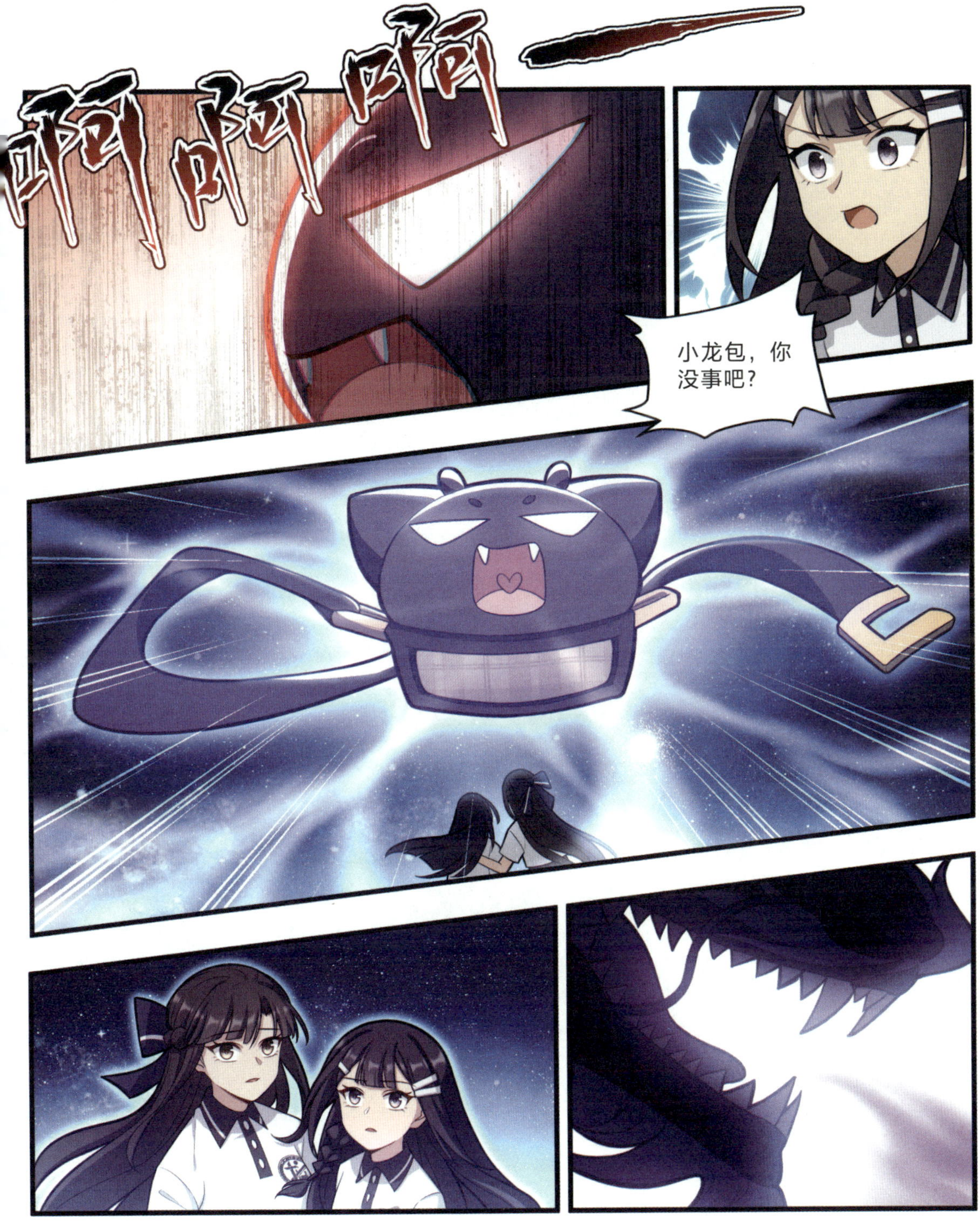
啊啊啊——
小龙包，你没事吧？

抓紧时间，我带你们飞出去。
抓稳了吗？
嗯！
唰

哇啊啊—
咻
轰!!!

咻——
看!

轰!!!
中子星相撞不仅会产生引力波，
还会释放出伽马射线暴和电磁辐射，形成千新星爆发。
同时还会产生相当于几个地球的质量的黄金哟。

看！
刚才趁乱带了一块中子星碎片出来，
嘿，嘿，
我们拿回地球研究研究！
抢夺
唰
大笨蛋！没有了中子星的引力束缚，
快跑！
它的碎片就会……
拉起

瑞典皇家科学院将 2017 年诺贝尔物理学奖授予雷纳 · 韦斯（Rainer Weiss）、巴里 · 巴里什（Barry C. Barish）和基普 · S. 索恩（Kip S. Thorne）三位科学家，以表彰他们在 LIGO（激光干涉引力波天文台）和引力波研究方面的贡献。
观测引力波也验证了爱因斯坦的广义相对论，让人类看到了巨大质量在时空之中产生的涟漪。

人物介绍

姓名：莓

年龄：13 岁

年级：奇点中学初二

身高：160 厘米

性格：完美主义者，追求极致，
无法忍受笨蛋

喜欢的颜色：金色

喜欢的东西：所有符合“极致”特点的东西

喜欢的水果：草莓

喜欢的动物：猫

第四章
震撼宇宙的爆炸

观星公园
真好啊，今晚一片云都没有。

马头星云?
我看到马头
星云了!
我看看，我看看!

邪恶的**马头星云**
距离地球：1500 光年
恒星照亮氢气形成鲜红色光辉，浓密的尘埃看上去就像一颗马头。

嘿嘿，那边可是住着很多恐怖的生物哟！
有红色的地狱犬，
还有嘴巴巨大的食人花……
呃

这是……蟹状星云！
蟹状星云
距离地球：6500 光年
一处超新星爆发后留下的残骸，正在膨胀。

看上去完全不像螃蟹。
确实……
哈哈！要求不要那么高嘛。
1848 年，英国天文学家罗斯伯爵把它画下来的时候，觉得很像螃蟹，就起了这个名字。
虽然我觉得更像鲎……
那个年代的星云照片，都是天文爱好者用望远镜看到后再用素描画出来的，和今天的照片有很大不同。
M66
触须星系
M61
我有问题！
这个蟹状星云旁边为什么有很多细丝啊？

因为这是一个超新星遗迹。
恒星一生中被两种力量支配：一种是引力，使它变小；
另一种是核心的核聚变反应，使它得以对抗引力维持体形。
氘
核聚变
氦
能量
氚
中子
当一颗恒星的燃料最终消耗完时，其维持体形的力量将抵不过引力。一些比太阳大很多倍的恒星就会在引力的作用下急速坍缩，产生超新星爆发现象。
爆发时的超新星可以点亮整个星系，
从地球的角度看，夜空中就会出现一颗本来没有的、特别亮的星星，所以人们还以为它是一颗“新”星。

一次超新星爆发会把恒星的外壳几乎全部炸出去，
以光速的 1/10 速度往宇宙抛射，就像烟花。
所以这些“细丝”就是被炸出去的气体云。
所以……每颗超新星爆炸都会产生漂亮的遗迹吗？
没错，比如 1987 年，望远镜就记录下了 SN 1987A 超新星的爆炸。
哇，好美！
这么多年过去，炸开的三个环还在不断变大。
♪
欸？

刚才好像没
看到这颗星。
怎么这么亮?
好了,
今晚就到这里,
解散。
……

近日，新西兰北岛海滩上出现大量死亡贻贝，
引起当地居民恐慌。
专家表示，这可能跟几天前澳大利亚大堡礁的珊瑚大面积白化事件有联系……
观众朋友们，我现在所处的位置就是中国北极黄河科考站，
最近这里出现了连绵不绝的美丽极光，
科学家表示，不管是持续时间还是规模，
都已经破纪录！

美国国家航空航天局
可以解释一下最近汽车和飞机导航系统经常失灵的问题吗？
网上都说是你们的卫星出问题了。
我只能说，我们遭遇了有史以来最强的高能粒子流轰击，
很多通信卫星和仪器都损坏了，损失非常大。

嘭!
你们还不明白吗?!
世界末日要来了!!! 你们看天上!
保安，保安!
你们看天上!

REC
RAW 17:09
HD
我们观测到比邻星在一天时间里亮度增加了上百万倍，
并且还在持续暴涨！这太不可思议了！
天文学完全被颠覆，
完全无法解释啊！
颤抖
沙沙
比邻星怎么比金星还亮……
这到底是怎么了……

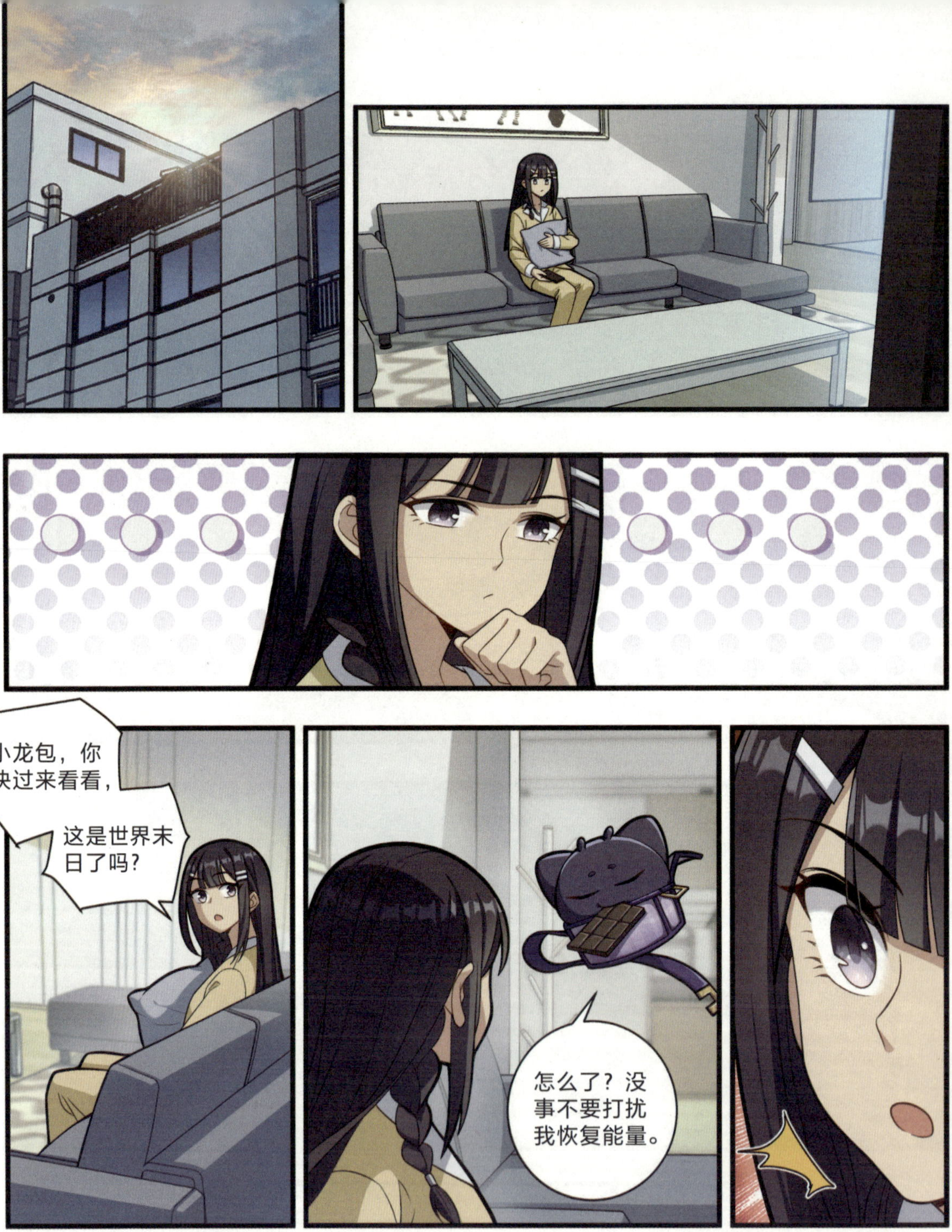
小龙包，你快过来看看，
这是世界末日了吗？
怎么了？没事不要打扰我恢复能量。

你又偷吃我的巧克力！
早上我帮你倒垃圾了，这是应得的报酬！
什么？
你又没有手，怎么倒的？
直接变走啊。
吧唧——

我！要！

生！气！了！
垃圾不是只要看不见就好了吗？
垃圾要丢到门外啊！！！你赔我的衣服！！！
没……事……我……可以……再……变走……
叮
啊！！！

为什么垃圾会从天花板上掉下来?!
啊，这……正常应该不会吧……
说正事，

你们看新闻了吧？
嗯。
按照我的经验，
比邻星上绝对有大事发生……
作为一颗年轻的红矮星，亮度增加这么多完全无法解释，
甚至喷射的粒子流还影响到地球……

不可能，绝对不可能！
会不会是三体人干的？
比邻星不是有三颗吗？
哥哥，你不要这么幼稚好吗？
那就是它要爆发了？要炸了？
红矮星怎么炸？质量只有太阳的 1/8，
连超新星爆发的资格都没……

有……
学长，你怎么了？
那就是它要爆发了？要炸了？
地球的危机需要我们拯救！
小到星球！
大到宇宙！
又来？
银河小队，马上战斗！

我最近能量
消耗过大，
记住这次报
酬是 3 包干
脆面哟。
不行，两包！
掏
小龙人
干脆面
我这里有。
你就惯着
它吧……
还是我老板
对我好！

唰——

!!
这……这是比邻星?

红矮星怎么会这么大？
红矮星
这是**红超巨星**吧？！
你们看那边！

轰
这……这是什么怪物？

呼
外星人吗？
外星人吗？
不对……它不是普通的外星人……
它不是外星人，
它是……

混沌之子

英文名：Chaos

口头禅：生腌章鱼是全宇宙最好吃的东西

种　族：从虚空而来的混沌族生物，和吟游诗人文明同属于四级宇宙文明，可掌控整个宇宙的力量

特　点：和吟游诗人文明不同的是，混沌族认为宇宙演化的真理就是熵增和混乱。因为宇宙本就是一场爆炸，爆炸得越彻底，则意味着宇宙越接近终极形态

所以对以混乱为宗旨的混沌族来说，
像吟游诗人文明那样把宇宙搞得井井有条才是邪恶，
会减缓宇宙的成长速度。
混沌之子要消灭所有阻碍宇宙自由生长的坏蛋！
它很厉害吗？
害怕
是非常强大……

非常恐怖的存在……
它拥有让宇宙物质加速演化的特殊能力。
以前我每次把几颗行星在恒星旁排好，
还没等生命孵化出来，它就把恒星搞爆炸了，
毁掉我的作品，还说这是什么……什么对宇宙好，
宇宙的真理就是爆炸。烦死我了！

轰!!!
小心！

糟糕……我知道混沌之子在干什么了……
它正在把宇宙中的星尘物质喂给比邻星，
让本来是红矮星的比邻星越来越大，
现在已经成为红超巨星了！
可是它这样做的目的是什么？

它应该是跟着我过来的……
它想通过比邻星制造一次超新星爆发，
吸引我现身……
轰
这样的话，地球就会……
会怎样？

毁灭。
超新星爆发是很恐怖的事情。

超新星是什么？
巨大质量的恒星到达生命终点，就会发生剧烈的失控爆炸，变成宇宙级的核弹。
其爆发持续几十天，亮度可以超过几百亿颗普通恒星，这个阶段即被称为超新星。

超新星为什么会爆发？

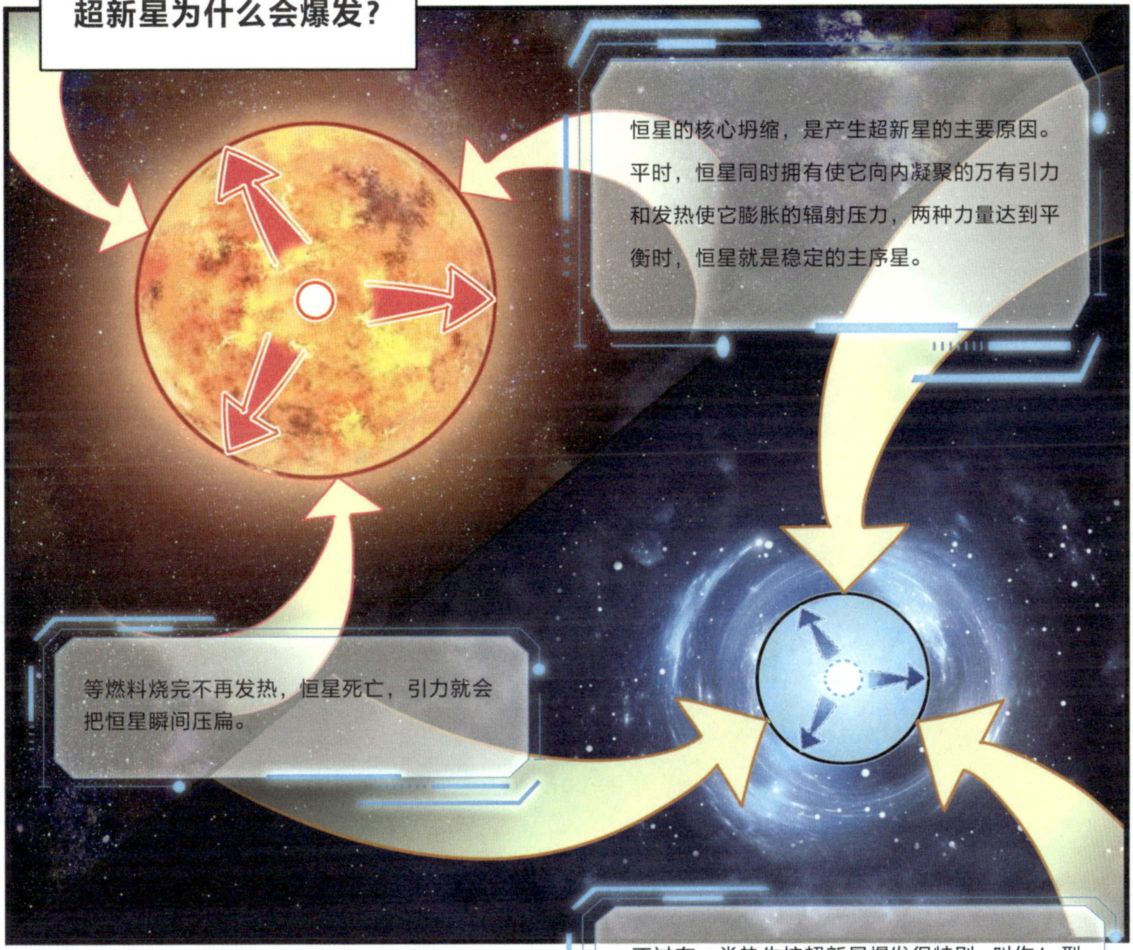

恒星的核心坍缩，是产生超新星的主要原因。平时，恒星同时拥有使它向内凝聚的万有引力和发热使它膨胀的辐射压力，两种力量达到平衡时，恒星就是稳定的主序星。

等燃料烧完不再发热，恒星死亡，引力就会把恒星瞬间压扁。

不过有一类热失控超新星爆发很特别，叫作 Ia 型，它形成的原因还是一个谜。

有科学家认为它是白矮星大量吸入邻星的气体，最后热能失控炸开，产生超级闪亮的爆炸。也有科学家认为，需要两颗白矮星相撞才行。

超新星爆发的威力

地球至少要和一颗超新星保持 50 光年的距离，才能保证相对安全。此时虽然也会被高能射线辐射，地球生物有发生基因变异的危险，但至少不会马上受到生命威胁。
一旦这个距离缩小到 30 光年，超新星上以光速射出的大量 X 射线和伽马射线就会和地球的大气层产生化学反应，把臭氧层摧毁殆尽，使地球进一步暴露在所有宇宙射线之下。
届时地球将会遭遇温度飙升、环境失衡以及物种大灭绝，甚至人类也无法幸存。

在 3.6 亿年前的地球上，曾发生泥盆纪后期大灭绝事件。那时主宰地球的还是鱼类和蕨类植物，70% 以上的物种突然就灭绝了。

是什么导致的这场惨剧？2020 年的一篇论文指出，65 光年外的一颗超新星破坏了地球的臭氧层，其影响持续 10 万年之久，是导致泥盆纪后期大灭绝事件的可能因素之一。

超新星爆发后还会留下遗迹，形成各种各样漂亮的星云，比如蟹状星云的细丝，其实就是被炸散的气体。
你的意思是，30 光年距离的超新星爆发，
地球物种就会大灭绝。
那比邻星离地球的距离是……

4.22 光年。
嗡——
寂 静
你有办法吗？
那……

这是混沌之子的终极形态，
我现在能量不足，不能变身，打不过它。
而刚才的爆闪说明这颗红超巨星能量已达临界值，
来不及了……
还有几小时，超新星爆发就开始了。

所以……
地球……
即使还剩最后1小时，
我们也要拼尽全力，
让它看看人类的厉害，不是吗？
哥哥，你去哪儿？

唰
喂！看我，看我！我宣布件事！
你是全宇宙最蠢最笨的大坏蛋！
你对宇宙的理解一文不值！
别过去，危险！

爆炸毁灭那么多生命，你就是个恶魔！
你别以为我们会怕你！

你有什么想不通的，好好聊聊行不行？
哇啊！！

唉……
混沌之子强行把这么多能量给比邻星灌下去，
改变一颗星球的生命进程，
想必比邻星自己也很难受吧。
唉——
我现在根本没有足够的能量变身啊……
能量？能量？
我明白了！

咻!!
小朋友！我知道你现在很难受，涨得厉害，
你偷偷把吸进去的星尘吐给我好不好？
这样你就不会爆炸啦！我帮你打败那个大章鱼！
如果你愿意的话，我倒数三个数！
3……
2……

我吸！

欸？这个球怎么还没吹炸？
吸气
我就不信了！
给我炸！！！
轰——
嘭——
！

变小了?!
喀喀……
什么情况?
是你?!

吟游诗人
VS
混沌之子

吼!!!...
呃!
伸出

呼
啪!
嗷!

混沌之子，别
演了，我知道
你很虚弱！
呵！

噼
轰
散去

今天我就要让
你彻底结束，
从此多元宇
宙将再也不
会被破坏！
小龙包，等等！

停住
你……
可是它哭了……
呃!
嘭!
我没力气了……
掉

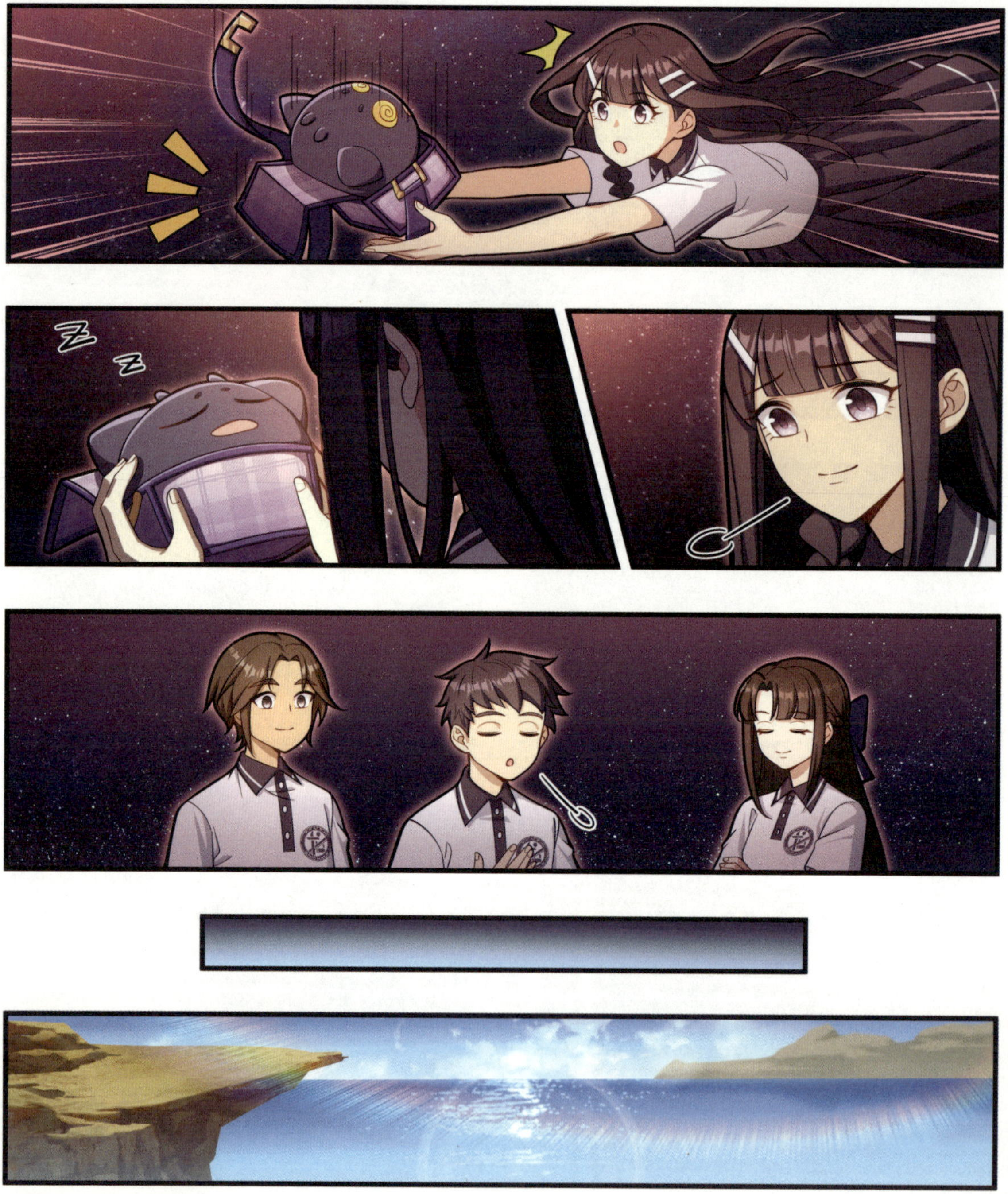
Z
Z

比邻星熄灭，地球重新恢复了平静……

人物介绍

姓名：艾松

年龄：13 岁

年级：奇点中学初二

身高：162 厘米

性格：大大咧咧

喜欢的颜色：黑色，因为觉得很酷

喜欢的运动：足球

喜欢的水果：桃子

喜欢的动物：法国斗牛犬

第五章
全宇宙最耀眼的光

哗
哗
哗啦
好奇怪的
章鱼啊！

!?!?
!
这是哪里?

怎么回事？
我这是在
哪儿？
为什么会
在这儿？！
大意了……
欸？

我的第 6 条
腿呢？
*章鱼有在危急时刻舍弃触手，
吸引敌方注意力的习性。
呼——
唰!!

欧洲航天局访学日
法国巴黎

欧洲航天局总部
esa

欢迎来自中国的小朋友们！
这里是成立于 1975 年的欧洲航天局总部。
那么，今天要给大家介绍的是：
专门用来探测恒星的……

盖亚探测器。
2013 年，我们用俄罗斯研制的**联盟号运载**火箭，将名为“盖亚”的空间望远镜送上太空。
它的目标非常明确，
就是观测银河系里超过十亿颗像太阳这样的恒星，从而确定它们的位置和运动状态。
几年后，我们就成功利用“盖亚”拍的照片，拼出了人类有史以来精度最高的一张银河系全景照。
怎么样？这就是宇宙的样子。

你们看，这些恒星的运行轨迹和速度都清清楚楚啊。
精确程度相当于大家在地球上发现躺在月球地表的一枚硬币！
哇！

能量！我需要能量！
咚！
叮——
变大
嘭！
能量在哪里？

欧洲航天局总部
esa
教授！
教授，“盖亚”项目组这边有异常情况。
什么？
大量恒星的数据发生飘移，和一切银河系模型都对不上。
单从数据上看，现在这些恒星
就像约好了似的，在往银河系中心冲过去。

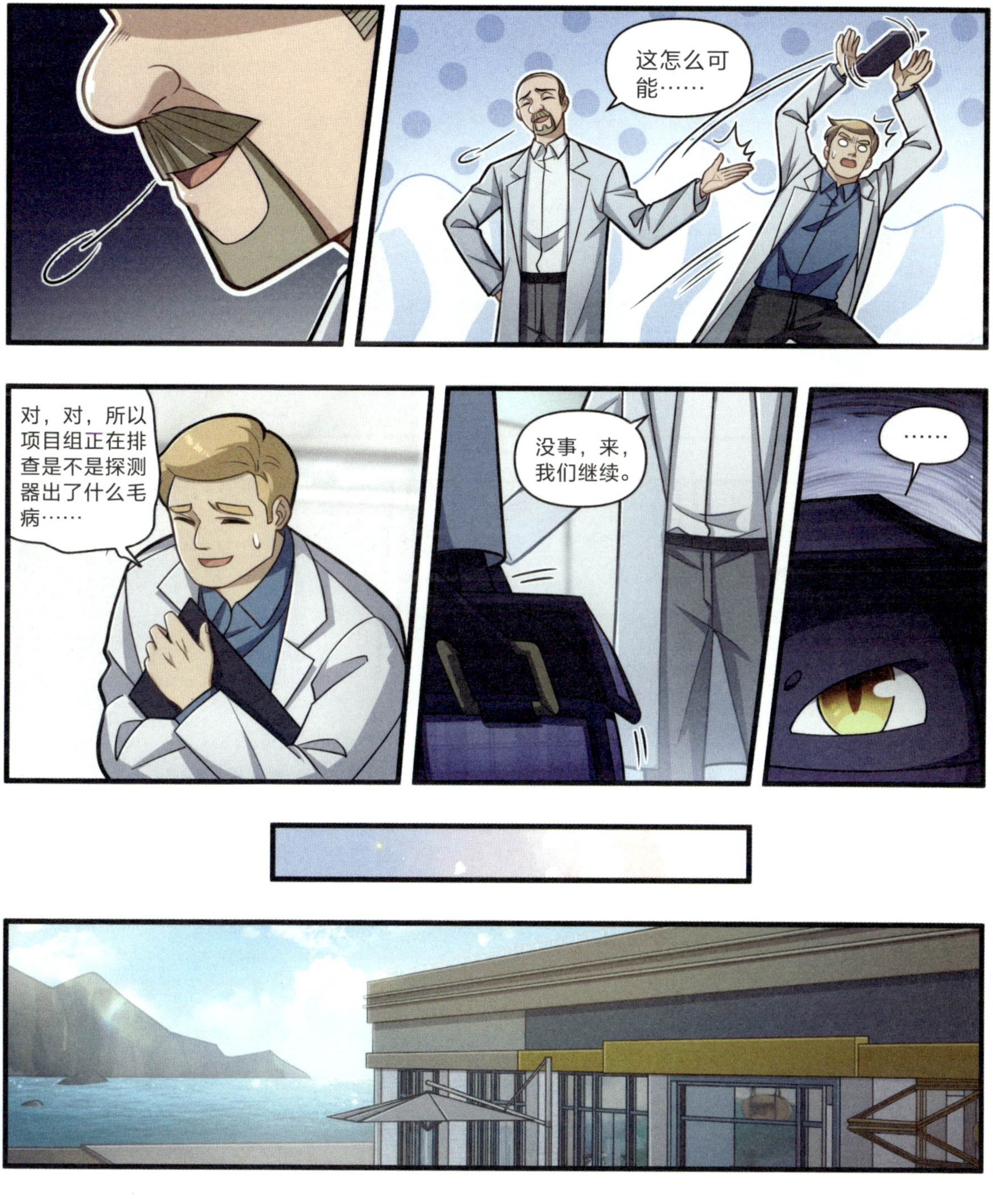
这怎么可能……
对，对，所以项目组正在排查是不是探测器出了什么毛病……
没事，来，我们继续。
……

嗒！
推

欸？你醒啦？
不知道怎么回事，沙滩上竟然搁浅了两条鲨鱼，
李叔他们正在召集人手，
准备把鲨鱼抬回去呢……
鲨鱼是什么东西……
砰!!!

砰!!

轰!!!
这是……要喷发了吗?
今天好奇怪啊……
能量!我需要能量!

银河系中心的超大质量黑洞：**人马座 A***（银心黑洞）
能量！那里……有能量！

哼哼，让我来告诉你都有哪些星星。
这……
这怎么和我在书上看的不一样？

你到底懂不懂啊……
你不明白！
星星的位置完全变了！
欧洲航天局总部
esa
这是目前人类发现的最大体积恒星：**史蒂文森 2-18**。
史蒂文森 2-18
太阳
它的体积能顶 100 亿个太阳哟。

教授，出大事了……
我们反复核查了“盖亚”探测器的数据，
仪器根本没坏。
怎么可能没坏！
还有这个新闻……

LIVE
突发！民间天文爱好者发现天体位置突然完全错乱！
然后我用望远镜确认了一下，
发现竟然是真的……
而且，错乱的趋势和“盖亚”探测的数据吻合……
你说什么？！
您慢点，我还没说完……
咳咳！
最诡异的现象是，所有天体移动的方向是一致的，
就好像……

好像它们正在被一股力量推向银河系中心。
倒下
天文学，不存在了……
教授！教授！您怎么了？

这断掉的触手怎么不听使唤啊……
呼
呼

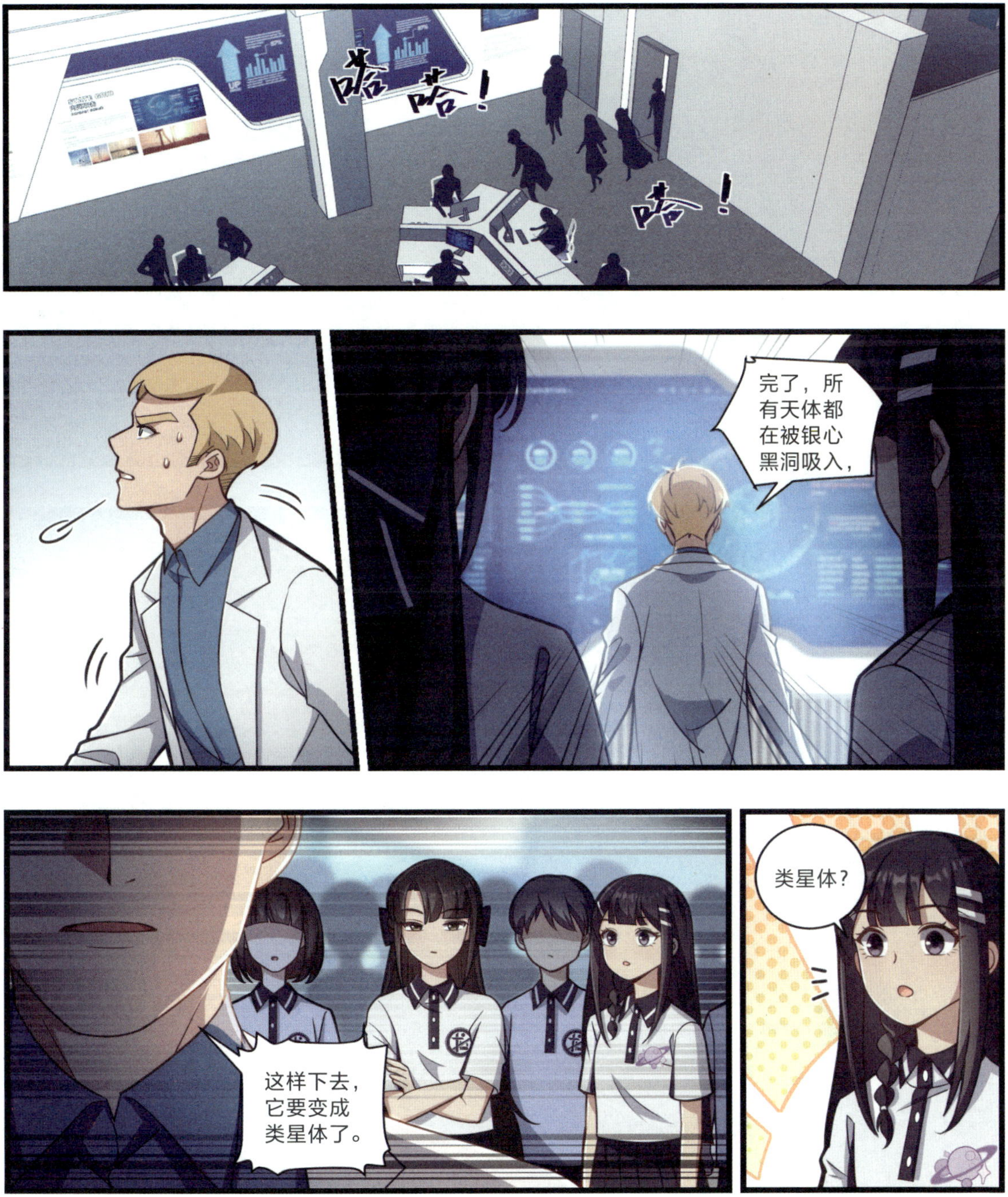
嗒嗒！
嗒！
完了，所有天体都在被银心黑洞吸入，
这样下去，它要变成类星体了。
类星体？

类星体是什么？
类星体的英文名称是 quasar，这个词来自 quasi-stellar objects（类似恒星的天体），因为通过望远镜观察它们，其就像是一颗恒星。
具体来讲，几乎每个星系中央都有一个超大质量黑洞，这个黑洞不断吞噬物质，同时放出辐射。
而其中因为辐射太强，可以发出全宇宙最耀眼的光的天体，就被称为类星体。

类星体的发现

小贴士：光谱是什么？

一束光遇到棱镜就会被分开，变成彩虹，彩虹上不同的颜色代表不同的波长，波长短的是蓝紫色，波长长的是红色。不同的波长，亮度是不一样的，这背后隐藏着光源的信息，被称为光谱。200 多年前的德国物理学家约瑟夫 · 冯 · 夫琅和费，发现太阳的光谱里有很多黑线（见下图）。

他发现，这是太阳里的化学元素吸收了这些波长处的光，使这里变暗，这些线被称作夫琅和费线。恒星因其化学成分各不相同，有属于自己的光谱。

太阳光谱

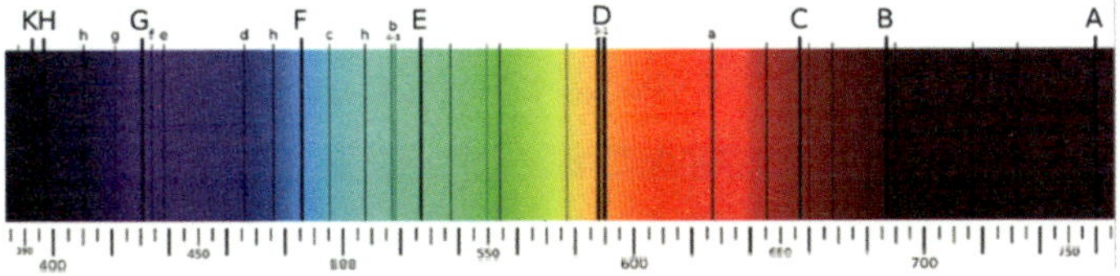

小贴士：另外三个发现是脉冲星、宇宙微波背景辐射、星际有机分子。

华人天文学家**丘宏义**也根据英文名 quasar，给类星体起了个霸气的名字：
魁 煞 星
那银心黑洞为什么会变成类星体呢？
因为类星体的真身

就是超大质量黑洞！
类星体是宇宙中已知的最明亮天体，
亮度可达整个星系的几千倍。
超新星很厉害吧？可是它的亮度只相当于一整个星系，
而亮度最弱的类星体也有几十个星系那么亮。

天文学家一开始就很不解，
类星体这么强烈的光到底从何而来？
?
后来终于发现，
是星系中心的那些巨型黑洞干的。
黑洞周围有一个吸积盘，大量星系中的气体在这里旋转，排队坠入深渊。
星系中心的黑洞特别强大，吸积盘上的物质特别多，
它们“互相摩擦”便会释放出无比庞大的能量，这个黑洞就变成了类星体。

几十亿年前，宇宙中有很多蓝色的螺旋状星系，它们拥有很多气体，既可以产生大量新恒星，也可以喂饱黑洞，变成类星体。
后来星系里储备的气体逐渐不够用，越来越难以产生新恒星；黑洞也纷纷消停，星系逐渐变成了红色的椭圆星系。
所以大概 100 亿年前，宇宙中的类星体变得越来越少。
位于我们银河系中心的超大质量黑洞人马座 A*，就是一个因为缺乏食物而休眠的黑洞。
毕竟，银河系也正在从蓝色的螺旋星系变成红色的椭圆星系，身陷危机。

注释：费米气泡：用望远镜看到的银河系外不明结构。

怎么会这样？到底是什么力量在把银河系天体往里推？
刚才教授说的话你听见了吗？你知道怎么回事吗？
理论上这不可能，但既然已经发生了……
我们去看看不就知道了。

唰
这不是那只章鱼的触手吗?
怎么变得这么大?

你可以解决吗？
它现在吸收了太多能量，看上去还是个疯子，
我怎么打得过？！
解铃还须系铃人，现在只有一个办法：
找到那只章鱼！
上次飞慢点我就把它带回家了！
呃
出发！
噢……

你怎么知道它在哪儿?
它释放出的能量，地球上就没有第二个，
何况它正在疯狂发信号……
傻子都找得到。

砰!!
你们是?

它在那儿！
可恶！居然被发现了！
小章鱼，快帮帮忙，银河系要出事了……
哼，银河系出事关我什么……

事……
给你三秒钟，
如果你不听话，
就把你敲得稀
巴烂！
三……
二……
等、等一下！
住手！

你们要对小球
做什么？
小球？
我们不
是……
你们为什么
还要欺负它？
小球只是
一只差点
儿没命的
普通章鱼，
现在好不容
易恢复，
再不出去，
我就报警了！

咻！
我们为什么出来了？
我也不知道。
现在怎么办？
让我想想……
CHASING WAVES
别怕，

有我在，谁也不能拿你怎么样。
什……

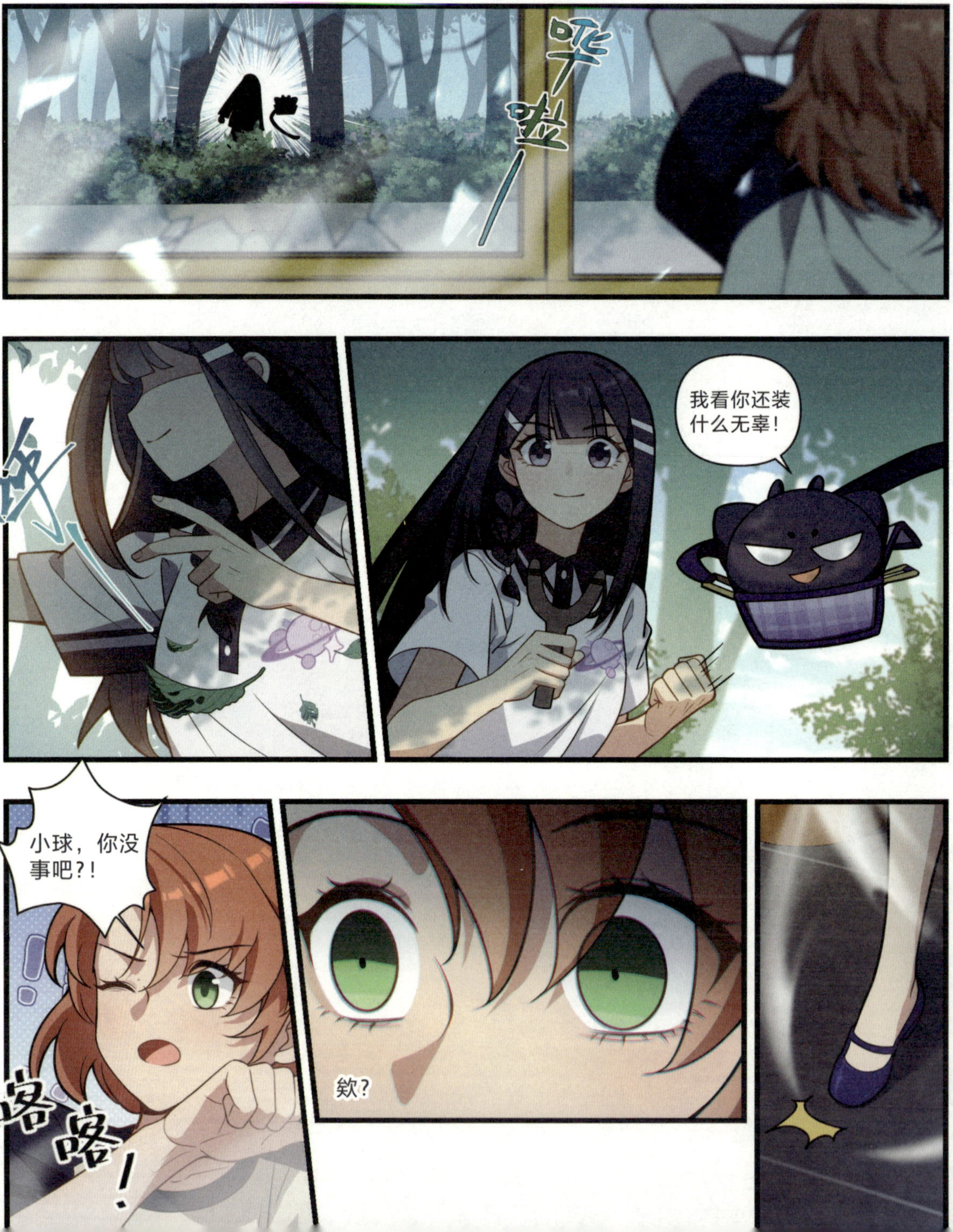
哗
啦
我看你还装什么无辜!
小球，你没事吧?!
欸?
嗒
咯
咯!

你是？
她好可爱……
嘁……不过是拟态罢了。
盯

嗒!
等等!
砰!

走，我们跟上！
小球……
是你吗？

我控制不了它，要想帮忙，
你牺牲一下。
?!
什么？我牺牲？
轰隆隆……
你把它激怒引出来，控制住别动，
然后我骑上去，重新吸收。
好吧……你给我快点啊！

轰

噼——
嗷!!
!
谁也不能影响
我吸收能量!
呯——

小龙包!
吼!!!

噼
噼啪
噼啪
混沌之子，你快点！

松动
吼!
喂！你做什么？
想把我砸得
稀巴烂？

小龙包！
正好以绝后患！
咻——
喂！大章鱼！
刚才我们从冲浪店离开，即使地球快要毁灭，
也是因为我们相信，乘人之危是错的！
刚才那个女孩保护你，是因为她坚信，欺负弱小是错的！

你不能这样对小龙包！
欺负弱小，乘人之危？
有趣的概念。
如果你这样做了，所有人都会看不起你！
通过这样的手段，即使你毁灭全世界，统治全宇宙，
也没有任何意义！

小球，不管你去做什么，一定要注意安全呀！
等你回来，我可以教你冲浪……
握紧
我们可以做朋友。
朋友？
松动

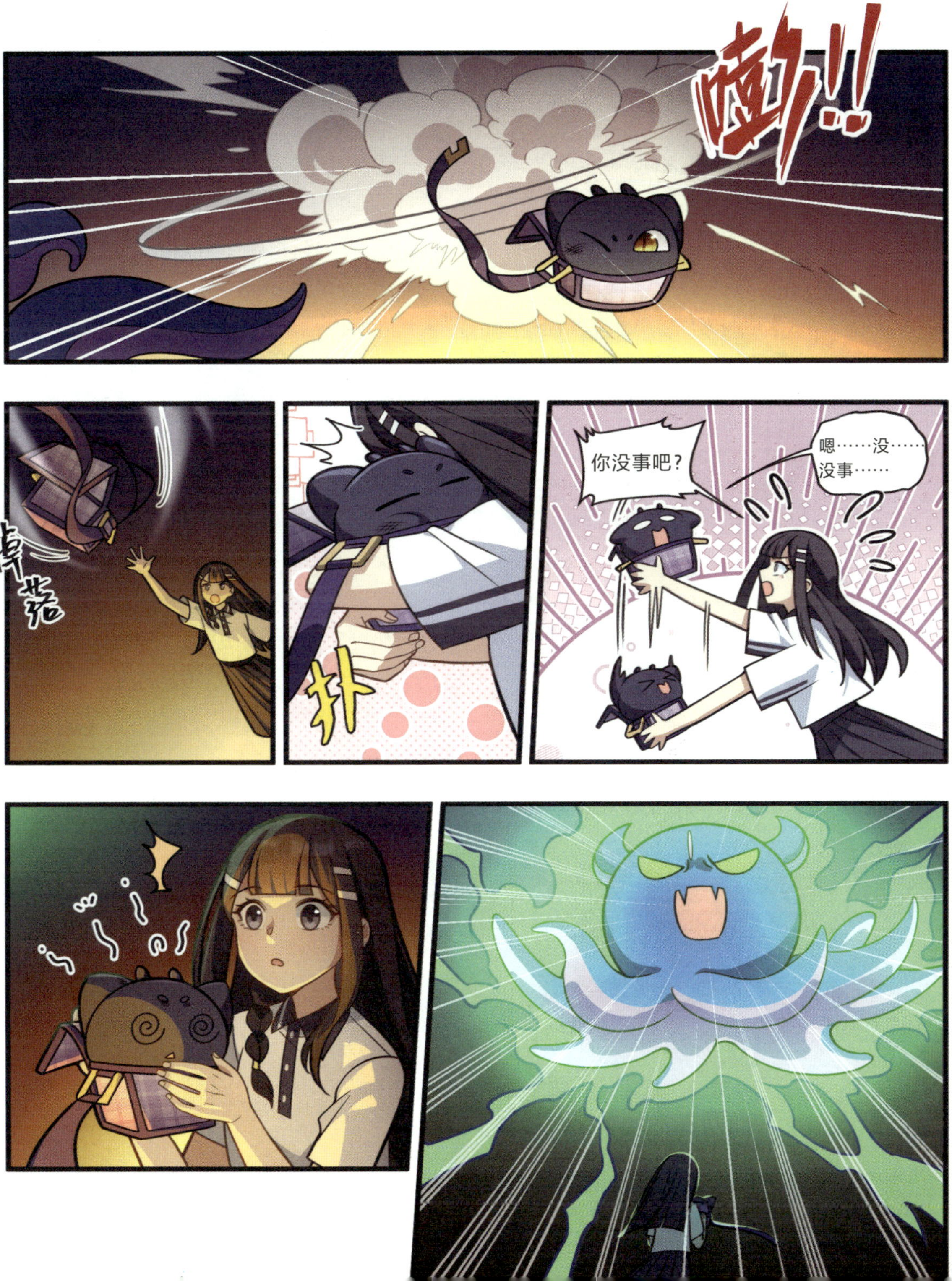
嘭!!
掉落
扑
你没事吧？
嗯……没……
没事……

给我回去！！！
嘭！
我们快走！
呼——

轰——

欧洲航天局访学日
esa
教授！醒醒！
惊醒！
猛地
坐起
地球……毁灭了吗？
没有，没有，
所有数据都恢复了正常。

天体的位置并没有变过，
好像做了一场梦。
一场……梦？

从梦和小龙包能否平安归来？
混沌之子会迎来怎样的结局？
宇宙中更多的神秘现象又该如何解释？
《宇宙知识竟然这么好玩！》第二部
正在绘制，请保持关注！